苹果优质花果管理
与灾害防控技术

王金政　薛晓敏 ● 主编

U0347550

山东科学技术出版社

图书在版编目（CIP）数据

苹果优质花果管理与灾害防控技术 / 王金政，薛晓
敏主编 . —济南：山东科学技术出版社，2018.3
ISBN 978-7-5331-9412-3

Ⅰ.①苹…　Ⅱ.①王…　②薛…　Ⅲ.①苹果－果树
园艺　②苹果－果树园艺－灾害防治　Ⅳ.①S661.1

中国版本图书馆 CIP 数据核字（2018）第 044999 号

苹果优质花果管理与灾害防控技术

王金政　薛晓敏　主编

主管单位：山东出版传媒股份有限公司
出 版 者：山东科学技术出版社
　　　　　地址：济南市玉函路16号
　　　　　邮编：250002　电话：(0531)82098088
　　　　　网址：www.lkj.com.cn
　　　　　电子邮件：sdkj@sdpress.com.cn
发 行 者：山东科学技术出版社
　　　　　地址：济南市玉函路16号
　　　　　邮编：250002　电话：(0531)82098071
印 刷 者：青州市新希望彩印有限公司
　　　　　地址：青州市昭德北路中段（张河社区）
　　　　　邮编：262500　电话：(0536)3539196

开本：850mm×1168mm　1/32
印张：5.5
字数：100 千
印数：1~3000
版次：2018 年 3 月第 1 版　2018 年 3 月第 1 次印刷

ISBN 978-7-5331-9412-3
定价：19.00 元

主　编　王金政　薛晓敏

编　者　王金政　薛晓敏　王贵平

　　　　路　超　聂佩显　陈　汝

　　　　韩雪平　王洪强

目　录

苹果花果管理

（一）优质花芽培育

优质果品来源于优质花芽，苹果花芽质量是决定果品质量的关键和基础。优质花芽芽体饱满，开花后花期整齐，花朵数多，花朵大，坐果率高，所结果大且果形好。影响优质花芽发育的原因很多，从根本上说，花芽分化过程中的树体营养水平偏低是最主要因素，因此提高树体光合产物积累水平和改善各种营养元素之间的平衡是优质花芽培育的关键。

1.土壤管理

土壤的理化性状特别是土壤通气性能对根系的生长和吸收功能影响很大。通过土壤深翻扩穴，改善土壤的理化性状，可使根系处于良好的土壤环境中，发挥最大限度的吸收功能，使树体健壮，叶片功能强，进而提高花芽质量。

2.科学合理地管理水分

土壤中水分的变化可影响花芽的分化和发育。苹果生长前期(萌芽前和幼果期)充分的水分可保证新梢的生长和叶面积的扩大,花芽分化期以后过多的水分以及水分的剧烈变化则会严重影响优质花芽的形成,适量干旱有利于花芽形成和饱满。因此,生产中有灌溉条件的果园在花芽分化期(6~8月)要控制浇水,自然降雨多的年份要提前挖好排水沟做好排水工作,使根系呼吸通畅,利于花芽分化;旱地果园应采用穴贮肥水、地面覆盖和节水灌溉等栽培措施,稳定土壤水分平衡,以保证形成优质花芽。

3.增施有机肥、合理使用化肥

有机肥中含有较多的矿质元素和大量有机质,是改善果园土壤环境的最理想肥料,它不仅营养全面、肥效持久,而且可以改良土壤,增进地力,是保证果树优质花芽形成的必备条件,所以应注意给苹果增施有机肥。除商品有机肥(最好是碱性有机肥)外,优质有机肥主要包括饼肥(大豆、花生、菜籽、茶籽等)、人畜禽粪(鸡、猪、牛、鹅、鸭等)、骨粉、河塘沟泥、瓜皮果壳、秸秆残茬、绿肥、青草树叶、城乡垃圾等。鸡粪、猪粪都应经过高温发酵后,才能进入果园使用。有机肥按每生产1千克果施入1千克肥的数量在9月下旬至10月上旬施入,穴施或沟施均可。

从成花质量上看,应根据不同的物候期施用不同种类的化肥。氮肥多在生长前期(萌芽前和幼果期)追施,以促进萌芽和新梢生长,增加叶面积;在花芽分化临界期(6~7月),除弱树外一般不需大量施氮肥;后期要严格控制氮肥用量,防止因树体旺长而影响花芽分化和发育。磷肥可以促进花芽分化,可在发芽期和中后期施用。另外,谢花后至套袋前喷3~4次硼肥和钙肥,能促进花芽分化。套袋后喷3~4次0.2%~0.3%磷酸二氢钾,采果后全园喷3%~5%尿素+5%硫酸锌+微量元素,有利于积累营养物质,促进花芽分化。

4.改善光照条件

树体受光条件的好坏,对花芽质量起决定作用,花芽分化和发育,本身需要比较强的光照,同时,光照条件直接影响叶片的营养积累。改善光照条件,首先,要控制树体高度,及时落头开心,成龄树亩留枝量在6万~8万条,树冠每平方米垂直投影面积留枝量为140~190条,长枝(16厘米以上)、中枝(6~15厘米)、短枝(5厘米以下)比例接近1:2:7,枝果比约5:1,花芽和叶芽比例为1:3~1:4,每亩留花芽量1.2万~1.5万个,枝叶覆盖率60%~80%。对每个树体,按照树形要求保持良好的结构,大枝角度要拉开,多余枝条要及时去除。

在花芽分化关键时期(6~7月),应及时通过夏季修剪,调整枝叶分布,缓和生长,清理郁闭枝叶,使留下的叶片光照良好。8月中下旬，对各骨干枝、背上枝和内膛直立枝及密生旺长枝、并生枝、重叠枝应从基部剪除。对长势健壮的长枝，在春秋梢交界处"戴帽"剪，促枝下部成花。对夏剪后大枝上萌发的徒长枝，环切口、剪锯口附近萌生的无用枝和内膛纤弱枝要及时除萌，减少枝量，改善通风透光条件，促进花芽分化。

5. 严格疏花疏果，合理留果

花芽质量的好坏与花芽数量的多少有一定的相关性，在一定水肥条件下，花量过大，花芽质量必然降低。为此应根据产量要求确定对树体的控制程度，使树体形成相对合理的花芽数量，既够用，又不过多，以保证形成优质花芽。根据枝果比留果时，富士、秦冠等大型果品种一般中庸健壮树3∶1~5∶1，强旺树2∶1~3∶1，弱树4∶1~5∶1；中小型果品种如嘎拉3∶1~4∶1。对于幼树，在进入盛果期以前，留果量可严格按叶果比确定，普通乔砧树叶果比为30∶1~40∶1，矮化树和短枝型叶果比为20∶1~30∶1。严格的疏花疏果，保持合理的留果量，可减少树体养分的消耗，调节生长与结果的关系，保证优质花芽的形成。

6. 使用生长调节剂，控制后期旺长

苹果花芽形成的早晚与花芽质量有密切关系。中短枝停长早，其上形成的花芽一般质量较好，表现为芽体大，鳞片封闭严，翌年开花整齐，坐果率高；反之长枝停长晚，其上形成的花芽质量差，表现为芽体小，鳞片松散，翌年开花后花朵小，且数量少。控制新梢后期旺长的措施除合理的肥水管理和修剪措施外，使用生长调节剂是较为简便而有效的方法。目前对幼旺树应用普遍的生长调节剂有多效唑、乙烯利、PBO 等。多效唑适于苹果未结果幼旺树和适龄不结果旺长树，可于 5 月中下旬和 7 月上中旬连续 2 次叶面喷布 15% 多效唑可湿性粉剂 150 倍液至滴水止，具有良好的抑制新梢生长、促进花芽形成等效果。乙烯利只适于苹果未结果幼旺树，促其由营养生长向生殖生长转化，对结果树必须慎用，生长期喷布一定浓度乙烯利，有抑制果实生长、促进采前落果和提早成熟的作用。苹果未结果的幼旺树于 5 月和 7 月两次喷布 40% 乙烯利 400 倍液，能明显抑制新梢生长，多生短枝，并促进中枝和短枝形成花芽。5 月下旬或 8 月中旬喷 250 倍液 PBO，可抑制新梢生长，有利营养物质的积累，促进花芽分化。

7. 果实适期采收

采收过晚，果实消耗养分时间长、数量多，影响树体贮藏养分的积累和花芽的进一步发育，适期采收对提高花芽质量十分有益。

8. 加强病虫害防治

生长季节应根据病虫害发生情况，及时喷药保护，防止早期落叶，降低树体的贮藏营养水平，进而促进花芽形成后的进一步发育。加强对叶螨类、蚜虫类、顶梢卷叶蛾、食叶害虫及白粉病的防治,保证叶片的完好率。特别是特长果枝具有结果能力的品种,要注意对顶梢卷叶蛾的防治,保护好顶芽,有利于花芽形成。

(二)花前复剪

花前复剪是在春季苹果开花之前对树体进行的修剪,是纠正冬剪失误及弥补因气候、机械损伤等原因破坏了原来冬剪树形的有效途径。主要目的是通过疏除多余辅养枝、过密枝和细弱枝等,调整枝条、花芽的数量和比例,达到花芽数量适中、质量优良、分布均匀,以减少开花期树体营养消耗,提高坐果率,促进幼果发育,减少疏花疏果工作量,达到壮树增产的目的。

1.适宜时期

花前复剪内容之一就是调整花芽、叶芽的比例,协调生长与结果的关系,适宜在花芽萌动后至盛花前进行,最适宜时期是花芽膨大至花序分离期(4月上中旬),此时花芽显著膨大、现蕾、花序逐渐分离,花芽与叶芽容易准确辨别,进行花前复剪既准确可靠,又方便快捷。

2.复剪对象

花前复剪的对象主要是盛果期大树、大小年结果树,发生冻害、雹灾、雪灾、水灾和严重落叶病的果园。

3.技术要点

（1）根据品种、树势、单株花芽数量多少、冬剪程度和预期产量等，确定出花枝/叶枝比、枝/果比及复剪强度。一般壮树花枝和叶枝比为1：3，枝果比为3：1～4：1；弱树花枝和叶枝比为1：4，枝果比为4：1～5：1。花前复剪之后，果园每亩留枝量7万～8万条，花枝量2万～3万条。

（2）因树制宜。花前复剪的方法因品种、树龄和树势而不同。

①对幼树和旺树，可适当多留一些辅养枝上的花芽，这样既可增加早期产量，又可加速扩大树冠。

②对盛果期大树，按花、叶芽的适宜比例进行调整，以疏除树冠内膛密生、交叉、细弱、直立旺长枝，树冠外围竞争枝、过密枝和主枝层间过渡辅养枝为主，对腋花芽枝多采用中短截。重点为小枝处理，把生长枝与结果枝的比例调整到2：1～3：1。这类树的复剪，对花芽适量的树，一般不动花，短果枝成串的枝条留3～4个花芽回缩，有腋花芽的一年生枝留3个左右花芽短截。对花芽过多的树，要适当疏除弱枝、弱芽，多留壮枝、壮芽，更新衰老和过密枝条。骨干枝的正常枝附近1～3年生枝上不留果枝，误留下的腋花芽和其余腋花芽枝均将腋花芽部分剪掉，长果枝轻打顶，并疏去过密的和衰弱残次花芽。复剪后花芽量仍偏多的，可通过疏花疏果进一步调整。

③对于大年结果树，多留短果枝，多疏腋花芽枝，多中截中、长果枝，对中庸果枝以缓放结果为主，轻打头；对初挂果还需继续扩大树冠的树，应疏除各骨干枝延长枝附近1~2年生部位的花芽，前部至少30厘米不要留花芽，更不能留封顶花芽；对枝枝都是花芽的弱树，实行破花修剪，多疏弱花枝，多留壮枝饱满花芽，少疏大枝，少造伤；对旺树，应缓放、轻剪、多留花芽；对缓放两年以上，后部已形成花芽的缓放枝，在复剪中应给强壮枝"戴活帽"，中庸枝"戴死帽"，较弱花枝带走2/3花芽进行回缩。对已经衰弱的结果枝应重回缩，促发新枝。树冠内影响通风透光的重叠枝、交叉枝和内向枝等，应予以疏除。对生长势弱的衰老结果树，多留中庸果枝结果，多疏除弱花枝，多短截中庸壮果枝，适当减少花枝数量。

④对小年结果树，花前复剪的目的是在冬剪的基础上，多截中、长枝，以枝换枝，控制次年花量，抑制次年的大年现象。以疏除树冠内膛密生、交叉、细弱、直立旺长枝和树冠外围竞争枝、重叠过密枝为主，多短截中、长发育枝，以减少当年成花数量，缓放中短、平斜中庸枝。对于中长果枝，一般不要破头。对于中长营养枝和无花的果台副梢，应多重剪、少甩放，促发中长枝，来年能多成花。对于无花芽的结果枝组，特别是连年长放枝，应多回缩，以免来年花量多。对于各骨干枝背上粗壮的、易冒条的大叶芽枝，实行中短截，以便培养结果枝组。对于骨干

枝两侧的大叶芽枝，以破顶为主。对于下垂的大叶芽枝，以缓放为主。对于冗长的单轴延伸枝组，凡是衰弱无花的，可一次回缩至后边的强壮分枝处；凡是有花芽的，可采取"逐年回缩法"尽量多保留花芽。

⑤对于花量适中树，复剪量不宜过大。强壮的串花枝留5～6个花芽，中庸花枝留3～4个花芽，弱花枝留2～3个花芽进行回缩。对腋花芽可留3个左右花芽进行短截。对于膛内枝，密者疏、稀者留。细弱花枝可重短截，促发新枝。对于因为拉、扭、拧等，已经下垂的老枝和细长衰弱枝，应适当疏或缩，以便复壮更新。

⑥对受冻害的树，冻后枝梢尚好的，叶片干枯不落的，应及早摘除；对部分枝梢冻死的，应剪除枯死的枝梢；对受冻比较严重，整个树冠冻死的，应锯断主干，培养2～3个生长枝成为骨干枝。

4. 注意事项

（1）复剪方法因品种而异：对于修剪反应不太敏感的品种，如秦冠、金冠等，在复剪中对于辅养枝应做到"开花缓放有花短，长串花枝打一半"。对于修剪反应敏感的元帅系品种和修剪反应较敏感的长枝型富士品种，结果前期，以多缓放、多拉枝、多刻芽为主，见花见果再回缩。在复剪中为了防止冲花，应当做到"避花修剪"（即花芽前应留有1～2个叶芽）和"放缩结合法"（即花芽前应留有1～2个缓放的营养小枝）。在结果后期，应注意回缩已衰弱的单轴延伸结果枝组和培养一些中小型立体结果枝组，以利树势复壮和延长树体寿命。

（2）切忌修剪过度：过度的修剪会严重削弱根系的生长，造成树势迅速衰退，必须防止。同时要注意保护伤口，加强病虫害的防治工作。

（3）适当多留花芽：苹果花期常遇低温、大风及晚霜危害，影响正常授粉坐果，故花前复剪时应多留些花芽，等坐果后再根据植株的负载能力疏果。

（4）及时修整剪口芽：苹果的主侧延长枝及枝组带头枝的剪口芽，常因气候不良、机械碰撞等原因而造成损伤。复剪时应对剪口芽的位置、方向进行检查，如有不符合要求的应短截到适宜芽位。剪口芽上方不必留桩，直接剪在芽基稍上一点即可，冬剪时留桩过长的也要剪去，以利愈合。误将腋花芽作剪口芽的，应短截成叶芽。剪除冬剪时剪锯口多余的萌蘖，以节约营养，保证树体通风透光。

（5）适当拉枝开角：春季苹果树液开始流动后，枝条变得柔软，不易劈裂，且固定较快，对角度小的及方向不对的枝，应于此期用拉、撑等方法打开角度、转变方向。

（6）花前复剪必须配合良好的肥培管理：可结合施春肥时恰当增施以速效氮肥为主的肥料或进行根外追肥（喷0.2%的磷酸二氢钾加0.3%的尿素溶液）进行树冠喷施。山地果园还要注意做好防旱抗旱工作。

（三）花期授粉

苹果是典型的异花授粉植物，大多数苹果品种需要异花授粉才能结实，能够自花结实者很少。为了确保坐果和高产、优质、高效，在有授粉树的条件下，也不能完全依靠自然传粉，而应采用昆虫（壁蜂、蜜蜂等）授粉或人工辅助授粉。

1. 昆虫授粉

目前，利用昆虫授粉（花期果园释放壁蜂或蜜蜂传粉）已经成为我国苹果授粉的常规技术措施。与人工授粉相比，昆虫授粉不仅可以提高授粉效率、节约人工，而且授粉效果好，可以显著提高苹果的坐果率，促进果实生长发育和提高品质。但是，昆虫授粉受天气条件的影响较大，花期遇到不良天气的年份还需要进行人工辅助授粉。

（1）蜜蜂授粉：蜜蜂是开花植物的主要授粉昆虫，在苹果上应用蜜蜂授粉技术是山西、北京、河北等果树产区果树生产的重要配套措施之一。目前，用于苹果授粉的蜜蜂品种主要为中华蜜蜂和意大利蜂。中华蜜蜂，又称中华蜂、中蜂、土蜂，是东方蜜蜂的一个亚种，是中国独有的蜜蜂当家品种，是以杂木树为主的森林群落及传统农业的主要传粉昆虫，可以有效地为果树授粉；意大利蜂，是西方蜜蜂的一个品种，由于意蜂群体大、喙长和易于管理，因此是国内外利用的主要授粉蜂种。

①蜂群获得。

租赁：果农与养蜂场（或授粉公司）签订授粉租赁合同，租赁蜂群进行授粉活动。租赁合同中应明确付款方式、授粉蜂群的数量和质量、蜂群进场时间、种植园（户）的饲喂方法和用药管理等事项，以维护双方权益。

购买：果农购买蜂群自行授粉时，应挑选性情温顺，采集花粉力强，蜂王健壮，无白垩病、蜂螨和爬蜂等病症的强群。

②运输。运输蜂群注意汽车等运输工具清洁、无农药污染，蜂群饲料充足，固定好蜂箱，防止运输过程中挤压蜜蜂；调整好巢门方向（关门运蜂方式巢门朝前，开门运蜂方式巢门横向朝外）；合理安排运蜂时间，开巢门运蜂，应在傍晚蜜蜂归巢后进行起运；关巢门运蜂，装车后立即起运。运蜂车应在夜晚行驶，宜在第二天中午前到达，并及时卸下蜂群。长途运输第二天不能到达时，应在上午10时以前把蜂车停在阴凉处，停车（或卸车）放蜂，傍晚再继续运输。

③蜜蜂授粉技术。

蜂群配置：苹果开花前3～5天，将蜜蜂蜂箱散放于授粉果园中，一般每箱蜜蜂可保证0.5公顷果园的授粉。蜂箱摆放应遵循以下原则：果园面积不大时，蜂箱可布置在田地的任何一边；果园面积在46.6公顷以上时，或地块长度在2 000米以上，应将蜂群布置在地块的中央，减少蜜蜂飞行半径。蜂群一般以10~20群为一组，分组摆放，并使相邻组的蜜蜂采集范围相互重叠。蜂箱应放在支架上，支架高度20厘米左右。

蜂群饲喂：苹果蜜粉比较丰富，在蜜蜂授粉期间，不需要专门饲喂花粉和糖浆，只要保证干净的饮水供应即可。可以用喂水器进行喂水，也可在蜂箱前约1米的地方放置一个碟子，每隔2天换一次水，在碟子里面放置一些草秆或小树枝等，供蜜蜂攀附，以防蜜蜂溺水死亡。

④注意事项。在开花前，不能使用残留期较长的农药如敌敌畏、乐果等。在开花期间，要避免使用毒性较强的杀虫剂，如吡虫啉、毒死蜱等。如果必须施药，应尽量选用生物农药或低毒农药。施药时，一般应将蜂群移入缓冲间，以避免农药对蜂群的危害，在缓冲间隔离一天后原位放回即可。

（2）壁蜂授粉：目前中国苹果主产区，如山东地区，已大面积应用壁蜂授粉。专门为果树授粉的壁蜂有5种：紫壁蜂、凹唇壁蜂、角额壁蜂、叉壁蜂和壮壁蜂，其中凹唇壁蜂和角额壁蜂应用较多。它们属膜翅目切叶蜂科壁蜂属，为群聚独栖昆虫。一年1代，以卵、幼虫、蛹、成虫在巢管内越夏越冬，可利用成虫在巢管外活动的约20天时间放蜂传粉。壁蜂的出茧率约为80%，雌雄比约为1∶1.4，以雌蜂进行传粉；壁蜂开始飞翔传粉的气温为12~15℃，一天中以10时至16时飞翔传粉最活跃；传粉较好的飞翔距离为40米，一个雌壁蜂是一个蜜蜂（工蜂）传粉能力的80倍左右；繁殖倍数，角额壁蜂约为3.5倍，紫壁蜂约为5.0倍，凹唇壁蜂约为6.5倍。具有春季活动早（春季气温9～10℃时越冬成蜂破茧出巢），适应能力强、活跃灵敏，访花频率高，繁育、释放方便等特点。苹果园每亩释放150～250头壁蜂，即可满足授粉的需求。

①放蜂前的准备。

准备巢管：巢管主要用芦苇管制作，要求芦苇管内径为6.0～6.8毫米。选择适宜内径的芦苇锯成16～18厘米长，一端留节，一端开口，管口应不留毛刺，芦管无虫孔；也可用旧报纸或牛皮纸卷成内径6～8毫米的纸管，壁厚1毫米以上，截成15～17厘米长，纸管一端用纸团或泥团封实，一端开口。用广告色将管口染成红、绿、黄、白4种颜色，各颜色比例为20∶15∶10∶5，混匀后50支一捆扎好，以500～600支/亩准备巢管。

设置巢箱：巢箱用硬纸箱、木板、砖石制作均可，按25厘米×30厘米×30厘米规格制作。5面封闭，1面开口，以30厘米×30厘米的一面为开口，开口朝南或朝西，上盖遮雨板，留檐长度不少于10厘米；也可选用1米²塑料膜覆盖，放在40厘米左右高的支架上，支架可以用木架或砖制成。一般每亩设置2个巢箱，放在背风向阳处，距地面40～50厘米，在箱内装入巢管250～300支，管口朝外。巢管排列时先在巢箱底部放3捆，其上放一硬纸板，并突出巢管 1～2 厘米，在硬纸板上再放 3 捆巢管，上面再放一硬纸板，在巢箱上部的两个内侧面用石块或木条将纸板和巢捆固定在巢箱中，巢管顶部与巢捆间留一空隙，供放蜂时安放蜂茧盒之用。在巢箱附近 1～2 米远，挖一个长 40 厘米、宽 30 厘米、深 30 厘米的土坑，然后铺上塑料布，再装上一半土、一半水，并经常保持坑内半水半泥状态，给壁蜂采泥封茧用。为解决花粉不足的问题，可在蜂巢周围栽种萝卜等蜜源植物。

备好蜂茧和放茧盒：蜂茧一般选用凹唇壁蜂或角额壁蜂，按果园面积备足蜂茧，在 0～5℃ 冷藏备用。放茧盒一般长 20 厘米，宽 10 厘米，高 3 厘米，用硬纸制作，也可以用小药品包装盒，盒四周扎 2～3 个直径为 0.7 厘米的小孔，以便出蜂。

②壁蜂释放。

放蜂时间：在苹果开花前 3～4 天时开始放蜂。

放蜂方法：将蜂茧放在放茧盒内，盒内平摊一层蜂茧，不可过满过挤，然后将放茧盒放在巢箱内的巢管上，露出 2～3 厘米。放蜂 5～8 天后检查蜂茧，对没有破茧的成虫要在茧突部位割一个小口以帮助出茧。若壁蜂已经破茧，要在傍晚释放壁蜂，以减少壁蜂的遗失。

放蜂数量：盛果期苹果园每亩放蜂量按 200～300 头准备，初果期的幼龄果园及结果小年，放 150～200 头蜂茧。

③回收及保存。苹果谢花后20天收回巢管。过早，花粉团会因水分尚未蒸发而变形，造成卵粒不能孵化和出孵幼虫窒息死亡；过晚，蚂蚁、寄生蜂等天敌害虫会进入巢管取食花粉团和壁蜂卵，一旦被带入室内，会危及壁蜂卵、幼虫、蛹和成虫。收回巢管后要捆好，平挂在通风无污染的空屋横梁上。12月初剥巢取茧，每500个蜂茧装一罐头瓶中常温保存，春季放入冰箱中0~4℃保存。

④注意事项。放蜂前后不喷药：放蜂前10~15天喷一次杀虫和杀菌剂，此后及放蜂期间严禁喷任何药剂；巢管材料和规格要合适：不管何种巢管，巢管内径应为7毫米左右；巢箱摆放位置要恰当：巢箱宜摆放授粉地块的中央偏下风头位置，巢箱位置以前面开阔、后面略显隐蔽的树下为好，巢箱位置确定摆放好后千万不能移动，以便于壁蜂归巢产卵；预防蚂蚁：在巢箱基座四周涂抹废机油（沥青）或覆盖塑料纸，防止蚂蚁爬到巢箱内危害；预防寄生蜂和蜂螨：剥茧时剔除寄生蜂茧；对多年使用的蜂管，用90~100℃的高温处理20分钟，杀灭蜂螨。

2. 人工辅助授粉

人工授粉是苹果最有效、最可靠的授粉方法。在用壁蜂和蜜蜂授粉的果园，如在花期遇到阴雨、低温、大风及干热风等不良天气时，授粉效果较差，为提高坐果率，需进行人工辅助授粉。在无放蜂条件的果园，更需进行人工辅助授粉，以保证当年产量和优质高效。

（1）花粉制备：在主栽品种开花前3天左右，选择适宜的授粉品种，采集含苞待放的铃铛花，带回室内。采回的鲜花立即取花药，将两花相对，互相揉搓，把花药接在光滑的纸上，去除花丝和花瓣等杂物，准备取粉。大面积授粉可采用机制花粉。采集花粉的方法，常用的主要有室内阴干取粉法和温箱取粉法两种。

①室内阴干法。将花药均匀摊在光滑洁净的硫酸纸上，放在相对湿度60%~80%、温度20~25℃的通风房间内，经2天左右花药即可自行开裂，散出黄色的花粉。

②温箱取粉法。在纸箱底部铺一张光洁的纸，摊上花药并平放一支温度计，上面悬挂一个60~100瓦的灯泡，调整灯泡高度，使箱底温度保持在22~25℃，1天左右即可散粉。干燥好的花粉连同花药壳一起收集在干燥的玻璃瓶中，放在阴凉干燥的地方备用。一般每10千克鲜花能出1千克鲜花药；每5千克鲜花药在阴干后能出1千克干花粉，可供30~43公顷果园授粉之用。

③火炕增温取粉。阴天、低温和空气湿度较大时，在火炕上垫上厚纸板等物，放上光滑洁净的纸，纸上平放一温度计，将花药均匀摊在上面，保持温度在22~25℃，一般1天左右即可。

（2）授粉方法：苹果花开放当天授粉坐果率最高，因此，要在初花期，即全树约有25%的花开放时抓紧授粉。授粉在上午9点至下午4点进行。同时，要注意分期授粉，一般于初花期和盛花期授粉两次效果较好。

①人工点授。将花粉装在干净的小玻璃瓶中，用带橡皮的铅笔或毛笔蘸取花粉，向初开花朵柱头轻轻一点即可。一次蘸粉可点3~5朵花，一般每花序授1~2朵。以第一批中心花开放15%左右时开始进行人工点授，分批进行，连授2~3次即可满足坐果对授粉的需求。

②花粉袋撒授。将花粉混合50倍的滑石粉填充剂，装入两层的纱布袋中，绑在长杆上，在树冠上方轻轻摇动花粉袋，使花粉均匀撒落在花朵柱头上。

③液体喷授。将花粉过筛，除去花瓣、花药壳等杂物，每千克水加花粉2克、糖50克、尿素3克、硼砂2克，配成花粉悬浮液，用超低量喷雾器细雾均匀地喷洒于花朵柱头上。每株结果树喷布量为150~250克，一般要求在全树花朵开放60%左右时喷布为好，并要喷布均匀周到。注意悬浮液要随配随用。

（3）注意事项：

①取花粉避免高温，尤其不能放在29℃以上的高温环境中，否则，花粉会很快丧失活力，失去授粉能力。

②放置花粉时防止日晒，阳光紫外线在很短的时间内就会将花粉细胞杀死。

③花粉长期不用，必须包装好（最好放入干燥剂中，防止受潮）放入低温冷柜中，使用前两天将花粉从冷柜中取出，待花粉温度跟外界环境温度一致时，再将花粉从干

燥剂中取出。

3. 机械授粉

机械授粉就是借助授粉器械，在果树花期进行辅助授粉，是对传统人工授粉方式的一种创新和提高。最大的优点是劳动强度低、授粉率高、速度快、操作简便等，可在短时间内完成大面积授粉。授粉效率是传统人工点授的十几乃至几十倍，主要适用于果园面积较大、劳动力短缺的果园，可有效缓解快速增长的人工成本和凸显的花期"农工荒"，具有良好的应用前景。

器械授粉技术是一项系统工程，包括授粉品种、花粉制备、器械设备等系列子工程。其中，建设专用花粉源基地、提供适宜的优质花粉也是器械授粉技术的一个重要内容。

（1）授粉方法：生产上应用较多的授粉器械有气囊式和电动式两种，气囊式授粉器械是提供一种在气囊张力作用下，以气流吹动容器内花粉外喷的授粉辅助装置。主要措施包括：气管前端开出气口，并插入粉罐底部，粉罐壁上部开喷孔，气管后端接通前部，气囊后部开进气孔。具备授粉均匀、精度高、节约花粉等特点，能实现随时开花随时授粉，极大地节省了人力，而且操作简单，很容易在果农中间推广。电动式授粉器械由背负式电池供应工作，花粉固定在电池上，通过管子和含花粉的天然羽毛轻触雌株,确保授粉。特点是:自动供给花粉到授粉毛,效率高;花粉无浪费,能确保授粉;轻便,使用简单,减轻疲劳等。具体操作是,将花粉过筛,除去花瓣、花药壳等杂物,将花粉和淀粉按照1:8或1:10的比例配好,搅拌均匀,装入花粉罐内。在全树中心花开放30%时喷授,达到全树均匀周到。

(2)注意事项:

①花粉和淀粉都要置于干燥的地方,注意防潮。

②授粉最佳温度在18~25℃,如果气温达到28℃以上,则不宜授粉。

③如果气温偏低,开花缓慢,花期时间较长,授粉应少量多次,效果较好。

4. 专用授粉树的应用

苹果专用授粉树具有成花易、花量大、花粉多、花期长、花粉亲和力强、寿命长、授粉效率高、花粉直感效应明显等特点,是花期自然授粉的最好选择。在欧美等发达国家苹果建园时,不考虑主栽和副栽品种的选择和搭配栽植,而是在行内按20:1的比例配植专用授粉树。

(1)专用授粉树的种类:

①凯尔斯海棠。北美品种,观花落叶小乔木,苹果属植物。树冠如苹果树大小,树形圆而开张,主干棕红色,新叶红色,密生绒毛,老叶绿色。花期4月中下旬,花蕾

深粉色，半重瓣，美丽异常。抗病、抗旱，耐瘠薄。是苹果园的良好授粉树。

②火焰海棠。也称福来，小乔木，高4.5～6.0米，冠幅4.5米，树皮黄绿色。叶椭圆形，叶片先端渐尖，叶缘有细锯齿。花蕾粉红色，开后白色，直径3.0～3.5厘米，花期4月中下旬，着花密，每序4花。花萼绿色，先端尖细长，密被毛。花瓣5枚，卵圆形，花柱4枚，基部被毛。果熟期8月，果实深红色，直径2.4厘米，尖嘴。果实宿存，耐寒，观果期长，适合在我国北方推广。

③绚丽海棠。北美品种，观花落叶小乔木，苹果属植物。树冠如苹果树大小，树形紧密，主干棕红色，小枝暗紫。花期4月下旬，花蕾深粉色，繁而艳。果亮红色，鲜艳夺目，6月就红艳如火，直到隆冬。抗病、抗旱，耐瘠薄。是苹果园的良好授粉树。

④红丽海棠。树势强，树姿直立半开张，主干黄绿色，树皮呈块状剥落，枝条密。萌芽期3月上旬，萌芽率高，成枝力强，腋花芽多；新梢停长期晚，落叶期晚，营养生长期长；伞形花序，花4～5朵，初花期4月7日，盛花期4月17日，终花期4月24日。单性结实，自花结实率较高，连续结实力强，6月落果轻。花朵坐果率85.4%，大小年程度轻。抗逆性强，果实着色早且鲜艳，宿存，综合观赏价值较高。

⑤钻石海棠。树形水平开展，主干红色，高4.5米，

冠幅6米。新叶紫红色，长椭圆形，锯齿浅，先端急尖。花期4月中下旬，玫瑰红色；每序4(5)花，花瓣5枚，直径4厘米，萼筒密被柔毛，花梗毛较稀，长2.5厘米，直立，花柱4，着花繁密。果实深红色，球形，直径1.3厘米，果柄长2.6厘米，果熟期6~10月，果萼多宿存。开花极为繁茂，花色艳丽，且非常适应我国干燥的北方环境。

⑥红绣球。山东小草沟园艺场从荷兰的韩氏公司引进的海棠类新品种。树体健壮，生长紧凑，占用空间小。叶片长椭圆形，浅绿色。在山东省莱州地区，4月上旬进入初花期，盛花期在4月20日前后，持续盛开4~5天后进入终花期，花期持续2周以上，盛花期基本与红富士、嘎拉、新红星、王林等栽培品种相一致。雄蕊数量多，果实小，为较适宜的苹果专用授粉品种。

⑦雪球海棠。也称雪坠，北美品种，观花落叶小乔木，苹果属植物。树冠如苹果树大小，树形整齐。花期4月下旬，花苞粉色，繁而亮丽，花开为白色，状如雪片，姿态优美。果熟期8月，宿存。抗病、抗旱、耐瘠薄。是苹果园的良好授粉树。

(2)专用授粉树选配：根据花期特点、亲和性和花粉直感效应等，专用授粉树选配如下：早熟品种如嘎拉、珊夏、藤木一号等，可选凯尔斯和火焰；中熟品种如元帅、金冠、乔纳金、红将军等，可选绚丽、红丽和钻石；晚熟品种如红富士、粉红女士、澳洲青萍等，可选雪球和红绣球。主栽品种与授粉树的配置距离具体应根据昆虫的活动范围、授粉树花粉量的大小以及果树的栽植方式而定。在建新小型果园中，果树作正方形栽植时，采用中心式栽植，即一株授粉品种周围栽8株主栽品种。中型园（20～30亩）地也可采用8∶1的正方形配置授粉树，也可以在路边栽植适量的专用授粉树，既能节约空间，又能满足授粉需要。在较大型果园（30～50亩）中配置授粉树时，可以在路边以及每行的两头配置专用授粉树。授粉树采用行头配置，主栽品种与授粉品种配置比例为20∶1。在大型果园（50亩以上）应当沿着小区的长边方向，按行列式作整行栽植，通常3～4行主栽品种配置1行授粉品种。在生长条件不很适合的情况下，例如有大风危害的地方，尤其是在高山区，授粉树和授粉品种间隔的行数最好少些。在果树的生态最适带，特别是栽植花量较大的专用授粉树品种，间隔的行数可以多些。如果是已建成的1～3年生新果园没有配置授粉树，要按比例补栽专用授粉树大苗。4年以上的果园没有配置授粉树，可用高接的方式补接授粉枝，采用每株或隔株补接，只在树冠顶部改接2～3个主枝（或大辅养枝）为授粉品种，保证全园的授粉树或授粉品种的大枝占全园树或大枝的15%～20%。

（四）保花保果与提高坐果率

苹果园保花保果是针对落花落果而采取的一项技术

措施,其技术水平的高低直接决定着当年果园的经济效益。苹果落花落果的主要原因之一,是树体贮藏营养不足。保花保果措施除了之前提到的优质花芽培育、花前复剪、花期授粉这三项技术内容外,还可以通过花前补肥、花期环剥(割)以及花后使用植物生长调节剂等技术,减轻生理落果,显著提高坐果率。

1. 果园土肥水综合管理

(1)土壤管理:

①深翻熟化。深翻熟化是果园土壤管理的基本方法,具有改善土壤结构和理化性状、促进土壤团粒结构形成、提高蓄水和保肥能力、增强透气性等多种作用,可显著地提高根系的吸收能力,并促进地上部的生长发育和增强光合作用。

时期:果园深翻一年四季均可进行,但秋季深翻最为常见,此时树体地上部分生长较慢或基本停止,养分开始回流和积累,又值根系再次生长高峰,根系伤口易愈合,易发新根;深翻结合灌水,使土粒与根系迅速密接利于根系生长;深翻还有利于土壤风化和积雪保墒。

方式:一是深翻扩穴,幼树定植几年后,每年或隔年向外深翻扩大栽植穴,直到全园株行间全部翻遍为止。这种方式用工量少,深翻的范围小,但需3~4次才能完成全园深翻,且伤根较多。二是隔行深翻,即隔1行深翻1行,分两次完成，每次只伤一侧根系，对果树影响较小，这种行间深翻便于机械作业。三是对边深翻，自定植穴边缘起，逐年以相对两面轮流向外扩展深翻，直至全园翻完。此种方式伤根很少，对果树影响小，用工量少，适于劳动力不足情况下的果园深翻。四是全园深翻，将栽植穴以外的土壤一次深翻完毕，范围大，只伤一次根，翻后便于平整园地和耕作，但用工量多。

深度：以比果树根系集中分布层稍深为度，且还应考虑土壤结构、质地、树龄等。如山地土层薄，下部为半风化的岩石，或耕层下有砾石层或黏土层，深翻一般为80～100厘米；如果土层深厚，沙质壤土，深度可适当浅些。

注意事项：深翻与施肥、灌水相结合，促进团粒结构的形成，变生土为熟土。在墒情不好的干旱地区，深翻一定结合灌水，防止旱、冻、吊根等现象的发生。深翻时表土与底土分别堆放，表土回填时应填在根系分布层。有黏土层的沙土深翻要打破黏土层，并把沙土和黏土拌均匀后回填。尽量少伤、断根，特别是1厘米以上的较粗大的根，不可断根过多，对粗大的根宜剪平断口，回填后要浇水，使根与土密接。

②秋耕。秋耕即果实采收后及时将园地耕翻20～30厘米。此时根系生长正处于高峰期，及时耕翻可促使产生新根，有利于根系愈合，且抑制秋梢及时停长，促使枝条

成熟，利于养分积累和安全越冬，还可接纳大量秋雨，满足果树来年生长需要。同时，耕翻铲除多年生宿根杂草，消灭了入土越冬害虫。旱地和风大的地区，耕翻后要及时耙耱整平，以减少水分散失。

③覆盖保墒。覆盖是现代果园园地管理的重要手段之一，可减少蒸发，保持土壤稳定，改善土壤理化性状，增加养分，还可以防止杂草生长，减轻落果损失等。覆盖常用的材料有作物秸秆和地膜。

（2）肥水管理：树体的营养水平是决定落花落果的重要因素，因此，加强肥水管理可提高坐果率。

①早施基肥。基肥应及早施入，早采果树可在9月下旬至10月上旬进行，施肥量为斤果斤肥。基肥种类以优质有机肥为主，包括饼肥、人畜禽粪等，配合三元复合肥，可显著增加树体贮藏营养，为来年开花坐果做准备。

②花前追肥。在萌芽期到开花前追施一次速效氮肥。以尿素为例，施肥量：初果树每株0.4～0.5千克，盛果树每株1.0～1.5千克。

③叶面喷肥。在初花至盛花期选择上午8～10时喷布0.3%～0.5%的尿素+0.1%～0.3%硼砂水溶液，或喷500～1 000毫克/升的稀土微肥，盛花期或幼果期喷2～3次0.2%～0.8%的钼酸钠，谢花后至套袋前喷3～4次硼肥和钙肥，套袋后喷3～4次0.2%～0.3%磷酸二氢钾，采果后全园喷3%～5%尿素+5%硫酸锌+微量元素，有利于

保护叶片，维持健壮稳定的树体生长势，提高树体的营养水平。

④水分管理。

时期：一是萌芽期灌水，春季苹果树萌芽抽梢，孕育花蕾，需水较多。此时常有春旱发生，及时灌溉，可促进春梢生长，增大叶片，提高开花势，还能不同程度地减轻春寒和晚霜的危害，但灌溉时期不能太早，否则，效果不明显。二是花期前后灌水，土壤过分干旱会使苹果花期提前，而且集中到来，开花势弱，坐果率低下。因此，花期前适量灌溉，使花期有良好的土壤水分，能明显提高坐果率。落花后灌水，有助于细胞分裂，可减少落果、促进新梢生长和花芽形成。由于正值需水临界期，灌水量可稍大一些。

灌水量：苹果树的适宜灌水量，要根据树龄、树势、树冠大小和品种特性，并参考土壤实际含水量等确定。一般幼树灌水量少，成龄树灌水量大，旺树和坐果率低的品种灌水量宜少，弱树和坐果率高的品种灌水量可相对较多。在漫灌条件下，幼树株灌水100～150千克，初果期树株灌水150～250千克，盛果期树株灌水400～750千克。

注意事项：灌水必须注意水质，雨（雪）水、地面径流水、河水是最好的灌溉用水，含有害物质的工业废水和城市污水绝不能作灌溉用水。灌水必须与果树生长节奏相吻合，突出一个"巧"字，盲目灌水会事倍功半，得不偿

失。灌溉必须与施肥相结合，才能相得益彰，相互促进。

2. 合理配置授粉品种

苹果为异花授粉植物，要保证坐果，必须在建园时搭配合适的授粉品种。授粉品种需适应当地的气候条件，与主栽品种的开花期、始果年龄、树体寿命等方面相近，要求质量好、花粉量大，可与主栽品种相互授粉。

(1)授粉品种搭配：

富士系品种：适宜授粉品种有新红星系、王林、津轻、千秋等。

乔纳金：适宜授粉品种有新红星系、富士系、王林、津轻、嘎拉等。

国光：适宜授粉品种有新红星系、王林、金矮生、津轻等。

王林：适宜授粉品种有新红星系、嘎拉、千秋等。

嘎拉：适宜授粉品种有新红星系、津轻、王林、北之幸、千秋等。

(2)授粉品种比例及配置方式：一般主栽品种与授粉树的比例为4：1或5：1。主栽品种与授粉品种之间的距离应在20米以内。授粉树配置方式有如下4种：

中心式：在1株授粉树周围栽植8株主栽品种。

少量式：授粉树沿果园小区边长方向成行栽植，每隔3～4行主栽品种栽1行授粉树，以便于田间操作。

对等式：两个品种互为授粉树，相间成行栽植，各占全园总株数的50%。

复合式：在两个品种不能相互授粉或花期不遇时，需栽第三个品种进行授粉，第三个品种占全园总株数的20%左右。

3. 防止花期和幼果期霜冻

在苹果萌芽后至开花前果园灌水或多次树体喷水，可降低地温和树温，延迟萌芽开花，避免晚霜危害。根据天气预报，在霜冻出现前果园灌水或向果树树体上喷水，可稳定果园温度，增加湿度，减轻冻害。当霜冻将要来临、果园气温接近0℃时，用烟雾剂或人工制造烟雾，可获得良好的防霜冻效果。人工制造烟雾在迎风面每亩堆放10个烟堆熏烟，可提高气温1～2℃。烟雾剂采用20%硝酸铵、70%锯末和10%废柴油混合制成，装在铁桶内点燃，并根据当时的风向，携带铁桶来回走动放烟。每亩果园约需烟雾剂2.5千克，烟雾能维持1小时左右。烟雾剂使用方便，烟量大，防霜冻效果好。

4. 调控枝势

采用环剥或环割的方法。环剥即环状剥皮，就是将枝干上的皮层剥去一圈的措施。环割即环状割伤，是在枝干上横割一道或数道圆环，深至木质部的刀口。环剥、环割暂时割断了树体上、下部正常的营养交流，阻止养分向下运输，能暂时增加环剥、环割口以上部位碳水化合物的积累，并使生长素含量下降，从而抑制当年新梢营养生长，促进生殖生长，有利于提高坐果率。花期（春季开花前至花后10天）在旺枝、徒长枝基部环剥、环割，上强树在一层主枝以上的中干上环剥，旺长新梢摘心，集中养分供应，可以显著提高坐果率。

5. 应用生长调节剂

①萘乙酸。元帅苹果在盛花期和落花期，用30～35毫克/升浓度喷洒，能提高坐果率。沙土地果园，盛花期以35毫克/升或落花期间以30毫克/升浓度喷洒，可提高坐果率2%～15%。黏性土果园，在落花期间以35毫克/升喷洒，能提高坐果率2%～17%。

②复硝酚钠。在苹果花芽分化期间与幼果期间各喷施2次6毫克/升浓度药液，可提高坐果率15%～20%，增加叶片、果实内矿物质元素。

③胺鲜酯。在始花期、坐果后、果实膨大期用胺鲜酯8～15毫克/升浓度药液各喷一次，可保花保果，提高坐果率，使果实大小均匀，增加产量。

④赤霉素。用10毫克/升浓度赤霉素在花期喷施，能提高苹果的坐果率。

⑤丁酰肼（比久）。在苹果盛花后21天以1 000～2 000毫克/升浓度叶面喷施丁酰肼，每隔10天喷一次，连喷

3次，能抑制新枝生长，提高坐果率。

⑥芸苔素内酯。芸苔素内酯能提高苹果树叶片中的叶绿素含量，增加光合作用，提高苹果的坐果率、产量和品质，以0.03毫克/升浓度的喷施效果最好。

⑦乙烯利。在新梢旺盛生长期喷两次125毫克/升乙烯利和1 000毫克/升丁酰肼混合液，有利于翌年坐果率的提高。

⑧6-BA（苄氨基嘌呤）。花后10天喷（50～100）×10^{-6}的细胞分裂素，可显著提高坐果率。

6. 其他农艺措施

（1）提早疏花，保留中心花结果：从花蕾分离期即开始疏花，争取在花朵开放前疏完，以便节约养分，供应幼果发育。中心花坐果率高，可以充分利用。

（2）果台枝摘心：5月上旬至下旬对旺盛果台副梢保留8～10片叶摘心，可抑制新梢旺长，节省养分，提高坐果率并促进幼果发育。

（3）叶面喷施肥：于红富士苹果现蕾期、盛花期和落花后分别叶面喷施0.2%、0.3%和0.4%天达-2116液体生物制剂，花序坐果率和花朵坐果率分别比对照增加9.99～15.02个百分点和5.66～7.88个百分点。

（五）疏花疏果

苹果进入盛果期后，任其自然结果，常会出现大、小年结果的现象。大年时，由于结果多、树体负载量大，尽管产量高一些，但果品质量差，既降低了经济效益，也往往造成树体衰弱，甚至未老先衰，大量感病，直至造成树体死亡。因此，苹果管理实施疏花疏果，才能获得高产、稳产和优质。

1. 人工疏花疏果

人工疏花疏果就是为了获得优质的果品，保证果树能够持续的丰产，人工除去多余的花或者是幼果。

（1）疏花：

①时间。人工疏花，疏花时间宜早，应在露蕾后至盛花期进行，疏花愈早，节约贮藏营养消耗的效果愈好，有利坐果和幼果发育，也有利提高保留果的品质。从利于操作的角度看，疏花最好的时期是花序分离期。

②方法。人工疏花具有高度的灵活性和准确性，可根据品种特性、花量大小、树势强弱等，间隔一定距离留一花序，其余花序全部疏除。一般大型果远些，如富士要间隔20～25厘米；小型果则可近些，如嘎拉可间隔15～20厘米；树势强旺的可近些，衰弱的可远些。在所留的花序上，保留中心花，留边花的数量视当地的具体情况确定，易发生冻害的地块可多留，温暖保险的地块可少留；一般大型果留1～2朵边花，小型果留2～3朵边花；坐果率高的留1～2朵边花，坐果率低的留2～3朵边花。如新红星等元帅系短枝型品种，虽然为大型果，但坐果率较低，可

每花序留2~3朵边花。这样疏花后，留下的花朵花器分化良好，花粉质量和胚的可孕性提高，开花比较整齐，花期缩短2~3天。人工疏花的顺序为先上后下，由里及外，防止损伤果枝；先弱枝花、梢头花，再长、中、短枝花，尽量保留短枝花；先疏花序，再疏花朵。

③注意事项。在晚霜危害轻、春季雨水较多的地区提倡以疏花为主，疏果为辅；及时收看天气预报，花期遇到连续阴雨、寒流等不良天气，会影响开花坐果，花前仅进行疏花序，并适当多留，花后再按照疏花疏果原则严格、细致地进行疏果定果。

（2）疏果：

①时间。一般分两次进行，第一次在花后1周，疏边果留中心果，疏小果留大果，疏扁圆果留长圆果，疏畸形果、病虫果留好果。第二次在花后4周进行，在第一次疏果的基础上，根据确定的留果量以树定产留果，5月底生理落果结束时完成。

②方法。

叶果比法：即按每株树上的总叶片数与总果数之比来确定留果量。对于同一品种，在良好管理的条件下，叶果比是相对稳定的，如苹果乔砧树、大型果品种叶果比为40：1~60：1；矮砧树、中小型果品种叶果比为20：1~40：1。根据叶果比来确定负载量，是相对准确的方法，但在生产实践中，由于疏果时叶幕尚未完全形成，叶果比的应用有一定困难，可参考枝果比、果间距及经验指标，灵活运用。

枝果比法：即按一年生枝的数量与果实总个数的比值来确定留果数量，是苹果确定留果量普遍参考的指标之一。枝果比通常有两种表示方法：一种是修剪后留枝量与留果量的比值，即通常所说的枝果比；另一种表示方法是年新梢量与留果量的比值，又叫梢果比，梢果比一般比枝果比大1/3~1/4。枝果比与叶果比在一定范围内是基本对应的，因此用枝果比确定留果量时可参考叶果比指标。据调查，树势稳定的盛果期苹果树，当梢果比为3：1时，叶果比为39：1~45：1；梢果比为5：1时，叶果比为65：1~75：1。在当前的生产条件下，小型苹果品种梢果比为3：1~4：1，大型果品种梢果比为5：1~6：1；枝果比比梢果比小1/3~1/4。枝果比因树种、品种、砧木、树势以及立地条件和管理水平的不同而异，在确定留果量时应综合考虑，灵活运用。

空间距离法：简称间距法，即按照一定的距离留果，有经验的果农多用此法，较易掌握。根据品种、树势和栽培条件，确定留果距离和留果量，壮树壮枝间距小些，一般20厘米左右；弱树弱枝间距稍大，一般25厘米。苹果大型果品种如红星、红富士等每20~25厘米留1个果，中型果品种如嘎拉、华冠等每15~20厘米留1个果，其余全部疏掉。

干周法：即根据干周确定植株适宜的留果量，为中国农业科学院果树研究所汪景彦在大量调研的基础上研究提出。计算公式为

$$Y=0.025 \times C^2$$

式中，Y 为中庸树单株留果量（千克），C 为主干中部干周长（厘米）。

此公式适用于初果期至盛果期管理较好的树。旺树和弱树可在所计算结果的基础上适当增减。

干截面积法：根据主干的截面积来确定留果量，理论基础与干周法一致。计算公式为

$$Y=(3 \sim 4) \times 0.08C^2 \times A$$

式中，Y 指单株合理留果量（个）；（3～4）指每平方厘米干截面积留3～4个果（按每千克6个果计算）；C 为树干距地面20厘米处的周长（厘米）；A 为保险系数，以花定果时取1.20，即多留20%的花量，疏果定果时取1.05，即多留5%的果量。

使用时，只要量出距地面20厘米处的干周，代入公式就可以计算出该株适宜的留果个数。为使用方便，可以事先按公式计算出不同干周的留花、留果量，制成表格，使用时量干周查表即可（表1）。

表1   苹果树不同干周适宜留花量和留果量

干周（厘米）	留花量（个）	留果量（个）
10	29	25
15	65	57
20	115	101
25	180	158
30	259	227
35	353	309
40	461	403
45	583	510
50	720	630
…	…	…

主枝截面积法：根据主枝截面积来确定各主枝的适宜留果量。以主干截面积确定留花果量，在幼树上容易做到，在成龄结果树上，总负载量在各主枝上如何分担就不容易掌握。因此，山东省果树研究所研究提出，以主枝截面积确定各主枝适宜的留果量。计算公式为

$$Y = (3 \sim 4) \times 0.066C^2$$

式中，Y 为合理留果量，C 为主枝基部处的周长（厘米）。

以上公式在主枝数 3～8 的范围内都可以应用。

以产定果法：就是先根据品种、树龄、树势以及栽培管理水平等，确定每亩产量（也可根据往年产量），再根据产量和单果重确定每亩留果量。不同负载量、株行距、品种的留果指标可参照表2。为保险起见，实际留果量要超

出表中理论留果数15% ~ 20% 作为保险系数，待果实套袋时再最后定果。

表2　不同负载量和品种及栽植密度的合理留果指标参考表

负载量(千克／亩)	品种类型	每亩留果数（个）	不同株行距单株留果数（个）				
			3米×4米	3米×5米	4米×5米	4米×6米	5米×6米
1 250 ~ 1 500	红富士等大型果	15 000 ~ 18 000	270 ~ 330	340 ~ 410	450 ~ 550	540 ~ 640	680 ~ 820
	嘎拉等中型果	20 000 ~ 24 000	360 ~ 440	460 ~ 550	610 ~ 730	710 ~ 860	910 ~ 1 090
1 500 ~ 2 000	红富士等大型果	18 000 ~ 24 000	330 ~ 440	410 ~ 550	550 ~ 730	640 ~ 860	820 ~ 1 090
	嘎拉等中型果	24 000 ~ 32 000	440 ~ 580	550 ~ 730	730 ~ 970	860 ~ 1 070	1 090 ~ 1 450
2 000 ~ 2 500	红富士等大型果	24 000 ~ 30 000	440 ~ 550	550 ~ 680	730 ~ 910	860 ~ 1 070	1 090 ~ 1 360
	嘎拉等中型果	32 000 ~ 40 000	580 ~ 730	730 ~ 910	970 ~ 1 210	1 070 ~ 1 430	1 450 ~ 1 820

③注意事项。疏果时，要注意先疏除那些个小果、畸形果及病虫果，留下个大、萼片闭合（或直立）的果。树冠内及下部要少疏多留，上部和外围多疏少留。

2. 化学疏花疏果

及时且适当地疏花疏果可以提高优质果比例和保持健壮的树势，是商品果生产中非常重要的环节。然而，由于疏花疏果季节性强，传统的人工疏花疏果方法费工费时，在短时间内完成需要大量的劳动力，单户经营面积较大果园时，很难做到。在发达国家，化学疏花疏果以其省工省时、节约成本等优点几乎取代了人工疏花疏果。疏花疏果剂种类很多，有西维因、石硫合剂、钙化合物、植物油、萘乙酸、乙烯利等。当前国内外对疏花疏果剂的研发主要集中在两个方面：一是根据果品安全和有机生产发展的需求，研发和筛选高效低成本新型花果疏除剂，如矿物类、内源激素合剂等；二是由单一疏花或疏果模式向疏花+疏果复合模式发展。

（1）疏花疏果剂种类及方法：

①西维因。一种杀虫剂，在苹果上应用较多。适宜时期为盛花期及盛花后2周，适宜浓度为1.0~2.5克/升，不同品种适用浓度稍有差异，金冠、红星、国光等品种效果明显。多数品种疏除效果在施用后7~10天开始出现，富士的落果高峰在施用后3~4周。优点是比较安全，对人畜毒性很低，不易在体内积累，对果实发育无不良影响，没有发生药害或疏除过多的危险，有效喷施期和适宜浓度范围比较宽，效果比较稳定，在疏果的同时兼防治虫害。缺点是西维因对富士品种疏除效果不理想，也影响花期昆虫授粉。

②石硫合剂。石硫合剂使用浓度范围较大，0.2~1.5波美度都有效果，自己熬制的石硫合剂，配成0.5~1.0波

美度；45％晶体石硫合剂，配成150～200倍药液，苹果盛花期及盛花后10天连喷两次效果稳定。优点是药效稳定且安全，兼有防病治虫作用。缺点是疏花的效应反应缓慢，再就是影响蜜蜂或者壁蜂的授粉质量。

③萘乙酸及其同类物质。萘乙酸应用于化学疏花疏果一定要严格掌握施药时期和浓度。作为苹果的疏果剂，喷施时期在盛花后10～21天。喷施浓度，萘乙酸为0.005～0.02克/升，萘乙酰胺为0.025～0.05克/升。优点是疏果作用较强。缺点是易引起严重的叶片偏上生长、畸形等后遗症。

④敌百虫。敌百虫是一种广谱性有机磷杀虫剂。适宜时期为苹果盛花后10天至2周，浓度为1.0～1.5克/升。优点是在疏果的同时可以杀虫。缺点是存在农药残留和污染环境等问题，应用逐步减少进而被淘汰。

⑤6–BA。6–BA最有效使用时间是苹果花后25～29天，使用浓度为0.1～0.20克/升。优点是具有疏果作用，同时还增大果个，提高果形指数，增加翌年花量，减少果锈，且对果实贮藏品质没有影响。缺点是最佳使用期较晚，效果表达也迟。

⑥乙烯利。乙烯利施用的一般浓度为0.3～0.5克/升，盛花期或落花后10天左右喷施均可；对不同苹果品种效应不一致，如对金冠、国光的疏果作用不如旭、红星明显。优点是有效疏除期长，既能疏花又能疏果。缺点是高浓度

下疏果作用较强，在高温条件下也有疏除过量的危险。

⑦Ca化合物。为一种较新型苹果疏花剂。山东省果树研究所研究的有机钙疏花剂，合适的浓度范围是150~250倍，在苹果盛花期及盛花后3天各喷一次，可选择性疏花，保留中心花坐果，疏除侧花和腋花，对果实生长发育无不利影响，同时可起到补充Ca素的作用。

⑧植物油。植物油这种天然产物，近年来也备受研究者青睐。菜油、向日葵油、豆油、花生油、橄榄油都有效果，适宜浓度为30~50克/升，适宜期为苹果始花期至盛花期。

（2）注意事项：喷施时要求仔细、周到，有条件果园使用雾化性能好的弥雾型机动喷雾器，在苹果枝干上方20厘米处，顺风实施漂移喷雾。作业时均匀喷洒，尽量减少喷洒停留时间，减少药液从枝干上滴下，提高效果。喷药天气选择无风的晴天，温度10℃左右，不能低于4℃，温度越低，效果越差；药液随配随用，石硫合剂不能与任何其他农药混喷，否则易产生药害或降低疏除效果；适宜树势健壮园片，如果树势过于衰弱，应降低喷施浓度，否则会出现疏除过量的危险；配药及喷药时应穿戴保护性衣服，喷药后应清洗全身；发生自然灾害如冻害、花期霜冻、旱涝灾害的苹果园，慎用或不用化学疏花疏果技术；没有配置授粉树（或授粉品种）的果园，花期风沙大的地区和小年结果的果园，不宜采用化学疏花疏果技术。

（六）果实套袋

果实套袋已经成为我国苹果生产绿色无公害果品和优质高档果品的常规技术措施。据调查，山东苹果套袋比重已经达到95%，陕西省在90%以上，辽宁、河南、河北、山西和甘肃等省份在55%~85%。

1. 套袋的作用

套袋栽培可以保证苹果安全生产，提高果品质量。首先果实套袋后，纸袋阻隔了果面与外界的接触，病菌侵入的机会大大降低。套袋的最初目的即是为了防治其他方法不易防治的果实病虫害。实践表明，套袋对在果面及叶片上产卵的蛀果害虫如食心虫类、卷叶虫类、蝽象类、梨木虱等，以及各种的果实病虫害如轮纹病、炭疽病、赤星病、黑星病、烂果病和食心虫、卷叶虫等亦有较好的防治效果，全年打药次数可减少2~4次，从而降低了农药残留。经测定，套袋果实农药残留量仅为0.045毫克/千克，不套袋果为0.24毫克/千克。套袋后可防止灰尘、农药等对果面的污染以及果面煤污病等。在生长后期，几乎所有的苹果在接近成熟的时候都会受到鸟类的侵袭、病虫害的危害以及风雨阳光的损伤，造成产量的减少或质量的差异，苹果套袋则解决了这些困扰。因为在套袋中的苹果不会受到鸟类的侵害，不会受到果蝇、细菌的感染，在生长过程中不会被树枝刮伤，避免阳光的直接照射。更由于套袋本身的透气性可产生个别温室效应,使苹果保持适当的湿度、温度,提高水果的糖度,改善苹果的光泽,增加苹果的产量。

2. 套袋前的管理

套袋前的果园管理着重加强整形修剪、疏花疏果、病虫防治等方面工作。套袋苹果树整形修剪的原则是采用合理的树形,平衡树势,控制骨干枝;调整辅养枝,更新结果枝组,稳定结果能力;精细修剪,枝条稀疏,保持树冠通风透光,亩留枝量控制在7万~9万条。采用人工授粉等保花保果措施和疏花疏果合理负载。

套袋前果园病虫害防治尤为重要,是关系到套袋成败的关键。采用农业措施,科学合理用药。为减少病源,冬季休眠期彻底清理果园。

套袋前,是防治病虫害关键期,喷布2 500倍液螨死净或20%灭扫利乳油2 000~2 500倍液,以及灭幼脲3号2 000倍液;喷第一次杀菌剂,复方多菌灵800倍液+800倍液大生M-45。套袋前1周再喷布第二次杀菌杀虫剂甲基托布津700倍液(或复方多菌灵800倍液),加上2.5%功夫乳油3 000~3 500倍液。

3. 果袋选择

果袋种类很多,按照层数可分为单层袋、双层袋和三层袋;按照大小可分为大袋和小袋;按照涂布药剂可分为防虫袋、杀菌袋和防虫、杀菌袋三类。双层袋促进着色、防病虫和降低农药残留的效果好于单层袋，但成本较高。选择果袋要根据套袋目的而定，像以金帅为代表的黄色和绿色苹果品种不需着色，套袋的目的主要是促使果面光洁和降低果实中农药残留，宜选用原色木浆纸袋和复合型单层袋；较易着色的红色品种，如嘎拉、红星、新乔纳金等主要用单层袋，如复合型单层袋和原色木浆纸袋；较难着色的红色苹果品种，如红将军、红富士、乔纳金等，主要采用双层袋。小林、凯祥、富民、爱农等果袋的质量较好，其中质量最好的是日本小林袋。不同的气候环境条件，使用袋类也有差异。在海拔高、温差大的地区，较难上色的品种采用单层袋效果也不错；高温多雨果区宜选用通气性较好的纸袋；高温少雨果区不宜使用涂蜡袋。

4.套袋时期与方法

（1）套袋时期：苹果品种、套袋目的不同，套袋时期也不同。苹果的套袋时期应在生理落果后，结合疏果进行，中晚熟红色品种如红富士、新乔纳金、新红星等，6月初进行。为防止产生果锈或使果点变浅，应在果锈发生前，即在落花后10天开始套袋。一般黄绿色品种果锈发生期在落花后10～40天，但金帅等品种防果锈越早越好，应在落花后10天内套袋。为防止浪费果袋，金帅在没有完成生理落果前可套小纸袋，待小袋撑裂再套大袋，效果更好，且可以保持果面光洁。

（2）套袋方法：纸袋。在套袋前1~2天将整捆纸袋放于潮湿的地方，使纸袋吸湿返潮、柔韧，以防果袋硬脆擦伤果柄和果皮。套袋时，手托纸袋，先撑开袋口，用一只手插入袋内旋转90°，另一手托起袋底（打一下），或用嘴吹，使袋底两角的通风放水孔张开，袋体膨起。选定幼果后，分开叶果，然后左手食指与中指夹住果柄，右手手执袋口下3厘米左右处，从纵向开口处将幼果轻轻放入袋内，使果柄置于纵向开口基部，幼果悬于袋内，再从袋口两侧依次折叠袋口于切口处，将捆扎丝反转90°，扎紧袋口于折叠处。不要将叶片和副梢套入袋内，不要将捆扎丝缠在果柄上。

塑膜袋。先用嘴吹开袋口和排水口，然后将袋口向中间聚拢，再用玉米皮、棉线或漆包线扎口或火香封口，最后拉展膜袋。

（3）注意事项：

①同一园片应在一周内套完。套袋时间最好选择晴天上午10时至下午日落前2个小时。异常高温的中午不宜套袋，否则会发生幼果日烧。

②袋口要扎紧，防止雨水和病虫进入袋内。防止幼果紧贴纸袋造成日烧。

③套袋时，先套树冠上部的果实，后套下部的果实；先套树冠内膛的果实，后套外围的果实。套袋时的用力方

向始终向上，以免拉掉幼果。

④保持袋口向下，以免袋口积水引发果绣。每次雨后要及时检查果袋，凡发现排水孔过小、袋内积水的，适当剪大排水孔，以排除积水和利于透气；对被雨水淋烂粘贴在果面上的袋子，及时清除干净，另套新袋。

⑤我国春季干旱，套袋前3~5天灌一次水。否则，当旱情严重时，袋内温度会升高，加大幼果发生日烧的风险。

5. 果实摘袋

摘袋是苹果套袋技术中最后一个关键环节，它决定着套袋能否达到预期效果。

（1）摘袋时期：摘袋时期应依据苹果品种、立地条件、气候特点等因素来确定。红色品种新红星、新乔纳金在海洋性气候、内陆果区，一般于采收前15~20天摘袋；在冷凉或温差大的地区，采收前10~15天摘袋比较适宜；在套袋防止果色过浓的地区，可在采收前7~10天摘袋。较难上色的红色品种红富士、乔纳金等，在海洋性气候、内陆果区，采收前25~30天摘袋；在冷凉地区或温差大的地区采收前15~20天摘袋为宜。黄绿苹果品种，在采收时连同纸袋一起摘下，或采收前5~7天摘袋。不同地区的日照强度和时数不一样，苹果各品种摘袋时期也不一样。日照强度大、日照时数长和晴日多的地区或季节，摘袋时间可距采收期近一些,反之,则应早一些除袋。

摘袋最好在阴天和多云天气进行,应避开日照强烈的晴天,以减少日烧。若在晴天摘袋,为使果实由暗光逐步过渡至散射光,在一天之内,应于上午10~12时去除树冠东部和北部的果实袋,下午2~4时去除树冠西部和南部的果实袋,防止因光照剧变而引发果实日烧。

(2)摘袋方法:套塑膜袋的苹果无须摘袋,可带袋采收直接出售或贮藏。

单层纸袋和内、外层连体袋,在上午12时前和下午4时后,将袋撕成伞形条状罩在果实上,过4~6天后,再全去掉。

双层纸果袋摘袋时要分别内袋的颜色:内层为红色的双层纸袋,先去掉外层袋,经过5~7个晴天后,于上午10时至下午4时去掉内层袋,以避免果面温差变化过大。如遇阴雨天,摘除内袋的时间应向后推迟。内层为黑色的双层袋,先将外袋底部撕开,取出内层黑袋,再将外袋撕成条状罩在果实上,经过6~7天后,再去掉外袋。纸膜双套的苹果,只摘除外层纸袋,保留内层膜袋,将来带膜袋采收,直至果品销售。摘袋的顺序是:先树冠内,后外围;先摘郁闭树,后摘透光树;先摘中低档袋,后摘高档袋。

(3)摘袋后合理肥水管理:苹果套袋后果实含糖量下降,应增加磷、钾肥的施用量。秋施基肥,增施磷、钾肥,基肥的施用量占全年的60%~70%,是套袋苹果树最重要的营养来源，基肥以有机肥为主。注意排水，苹果生长后期降雨量与果实含糖量呈极显著的负相关，特别是9月以后雨水过多更会明显影响果实着色和糖分的增加。一般土壤含水量维持在田间最大持水量的70%～75%，果实成熟前1个月起降为50%～55%，采后再增加到60%左右。降水量过大时，要设法排水。

（4）注意事项：

①摘袋前几天将内膛、背上徒长枝及严重影响光照的密生无用枝疏除。

②摘袋前2～3天周密细致喷好杀菌杀虫药剂，摘袋后既无病菌侵染又无害虫危害，同时还能大大降低越冬病虫基数。

③遇干旱天气，应提前浇水，之后再摘袋。

④摘袋后注意及时收集废袋，以免发生火灾。

（七）提高果实品质

当前,果业发展的方向已经由数量型过渡到了质量型。随着果品市场的日益成熟和完善，市场需求和果品质量竞争的矛盾逐渐突出，从市场角度看，果实品质高低是决定售价和竞争能力的主要方面，因此提高苹果果品质量显得十分重要。与苹果花果管理相关的提高果实品质技术主要集中于郁闭园改造、秋季修剪、摘叶、转果、铺反光膜、应用果形剂等来增大果个、端正果形、促进着色等。

1. 郁闭园改造

以优质果品生产为目标，从降低植株密度入手，以间伐为基本措施，调减果园群体枝量，调整和优化果园群体结构；以培养高光效树形为出发点，运用改形调冠、疏枝缩冠等项技术措施，改造、优化树体结构；以培养优质结果枝组为重点，优化枝类组成、枝组配比与空间分布，提高生产效能。改造完成之后，果园的通风透光条件和田间作业显著改善，生产效率大幅度提高，实现经济、社会和生态效益全面提升。

（1）主要技术措施：

①合理间伐，优化果园群体结构。根据树龄、栽植密度和果园郁闭程度，可采取"一次性间伐"和"计划性间伐"两种模式。

一次性间伐：对树龄15年生以上的盛果期果园或高密度（如株行距2米×3米、1.5米×4.0米、2米×4米、3米×3米、2.5米×4.0米、2米×5米等）果园，可采取一次性间伐模式，使植株密度降低一半，行（株）间距离加大，果园通道打开，通风透光条件显著改善。平地和缓坡地果园，宜采取"隔行伐行"或"隔株伐株"的形式实施一次性间伐；山地、梯田果园，可运用"隔行间株"（隔行实施"隔株伐株"）"梅花式"间伐或选择性间伐（挖除低效、病残植株）方式，降低植株密度。多数高密度果园在间伐后5~6年，还需进行二次间伐，以解决果园后续郁闭问题。

计划性间伐:对树龄10~15年生的初盛果期果园或中密度果园(如株行距3米×5米、3米×4米等),可采取计划性间伐模式。间伐前先制订隔行或隔株伐除计划,确定永久株和临时株,实行分类修剪:对选留的永久植株要注意扩大树冠,培养稳定的树体骨架结构和结果枝组;对临时植株则采取疏枝、缩冠等技术措施实行树体控制,逐年压缩树冠体积,既为永久植株的生长"让路",又保持一定经济产量。3~5年之后,永久株的树体优化和结构调整基本完成,基本取代了临时株的生产作用,即可将临时株伐除。

②改形减枝,优化树体结构。实施间伐后的果园,群体密度和总枝量减少一半左右,剩留植株的生长发育空间扩大。因此,对剩留树的整形修剪方式也要随之进行相应的改变。一是树形上要改"小冠形"为"大冠形";二是整形方式上要改"控冠"为"扩冠",采取提干、落头、疏枝等技术措施,调减骨干枝(主枝)数量,调整建立稳定、高效的优化树体结构;三是修剪方法上要改"疏枝、缩剪为主"为"长放、轻剪为主",尽可能保持较多的留枝量,保证尽快恢复果园产量。

对不适宜间伐的中密度初盛果期郁闭园实施改造,与间伐园在整形修剪方式、方法上有3个明显不同:树形不变,维持原有树形;整形方式改"扩冠"为"控冠",采取"缩枝控冠"法，控制树体在一定范围之内：冠径小于行距，树冠高度控制在行距的2/3～3/4，株间交接率小于15%；修剪方法上，按照先培养、后回缩的办法，在主枝延长枝后部选角度适宜、长势好的多年生枝培养为预备枝，再将主枝延长枝回剪到预备枝分枝处，实现主枝延长枝的回缩与更新，达到缩枝控冠的目的。

③结果枝组培养与搭配。结果枝组是构成果园生产的根本要素，培养足够数量的优质结果枝组或结果枝组群，是整形修剪的重要内容。间伐、改形后的果园，在优化树体骨架结构、培养高光效树形基础上，更要注意结果枝组的培养、更新与搭配、分布。

培养优质结果枝组：主要从三个方面着手。一是新型结果枝组培养，充分利用着生在主枝和侧枝两侧的平斜、健壮营养枝，通过放、拿、捋、拉等方法，培养形成大量的单轴延伸的下垂状结果枝组或结果枝组群，填补枝组空缺；二是对连续多年结果的老龄枝组，及时回剪到健壮分枝上，实现枝组的更新复壮；三是注意树冠内膛直立、平斜健壮营养枝的改造利用，通过拉枝改变生长角度，使其斜生或下垂，培养形成主枝大、中型结果枝组。

枝组搭配与分布：在结果枝组培养过程中，应注意大、中、小型结果枝组的合理搭配与空间分布。主要利用着生在主枝或侧枝两侧的大、中型结果枝组或枝组群为主，小型结果枝组为辅；空间布局上不交错、不重叠，插空分布。

拉枝：主要用于大、中型长放结果枝组以及平斜生长的营养枝，是培养优质结果枝组的重要措施。一般情况下，对主、侧枝背上直立或斜生的结果枝组及营养枝都应拉成自然下垂状为宜。拉枝多在春季或秋季进行。

（2）配套措施：

①土壤管理。根据果园条件，推广应用起垄覆盖（地膜、草）和行间生草技术（人工种草或自然生草），提高土壤有机质含量，培肥地力，改善果园生态环境。

②肥水管理。实施改造的果园，要加强肥水管理措施，通过深翻、增施有机肥等措施改良土壤；推广应用土壤局部改良、沃土养根和小沟交替灌溉技术，有条件的果园应用喷灌、滴灌等节水灌溉技术，促进树体生长和树冠恢复，促进果实品质发育。

③花果管理。郁闭果园实施改造的当年或改造后 1～2 年，都会造成不同程度的产量降低（一般 15%～35% 不等）。为弥补产量损失，应加强花期辅助授粉、促进果实发育、疏花疏果、果实套袋、适期采收等技术措施，以提高果实商品质量与等级。

④病害防控。在郁闭园改形、疏枝、控冠过程中形成的剪锯口，必须采取保护措施，特别是对大的伤口要及时进行包扎或药物保护，防止或减少腐烂病的发生。

2. 秋季修剪

果实着色期树冠内相对光照度以20%～30%为宜，为达到这个指标，就需要秋剪来改善树体的受光环境。成龄大树秋剪可以缓和树体生长势，增强树体内光照，促进果实着色，复壮内膛枝组，增进营养，为提高果实品质创造良好的条件。秋剪即在果实摘袋后，清除树冠内徒长枝，疏间外围竞争枝以及骨干枝背上直立旺梢。另外，树冠下部部分裙枝和长结果枝，在重力的作用下，容易压弯下垂，为了改善下垂枝内果实的光照条件，可采取立支柱或吊枝等措施。

（1）时期：8月上中旬至10月中下旬。一般秋梢停长早的树早剪，停长晚的树晚剪，应在落叶前20～30天内完成。

（2）方法：

①疏枝。首先，对有中心干的盛果期大树要疏去严重影响内膛光照、扰乱树体结构的层间大枝，同时压缩所有位于主侧枝背上的强旺高大枝组，打开侧光（俗称"开天窗"）。其次，对初结果枝要疏除外围直立枝、竞争枝、内膛过密的徒长发育枝以及剪锯口部位后部萌生的幼嫩秋梢，以补充内光，防止营养消耗。第三，稀疏"裙枝"。要疏缩低位枝组，增强"下光"，改善地表空气流通状况，促进内膛和下部枝叶生长，有利于果实增色。秋雨过多时，内膛细梢不断萌发旺长，还要勤抹芽、常疏枝。

②拉枝。拉枝具有缓和树势、均衡枝芽、增加内膛采光的作用。8月进行。此时拉枝开角,枝条上所有芽发育均衡,分布合理,可避免春季拉枝造成背上枝旺盛、两侧枝衰弱以及"霜降"以后拉枝造成外围枝强而后部枝弱的现象。

将主枝角度(特别是梢角)拉到75°~80°,辅养枝、临时枝拉到90°~100°。掌握立地条件好、树势旺的角度要大一些,立地条件差、树势弱的角度要小一些。纺锤树形比小冠疏层形的角度可适当大一些。

拉枝前先软化基角,使之达到拉枝的标准,然后将枝条拉到要求的位置和角度,拉枝程度为不圆圈、不弯弓、不朝天、不钻地,使枝条成为一条线。

③折枝。时间8~9月。对象为结果期大树上的低位辅养枝。

在直立枝条基部背下用剪或锯截入直径的1/3~2/3后,用力向外侧下方拉引并使其半折,折口处可加入一小木楔,以固定角度。

(3)注意事项:

①秋剪要因树而异,主要对旺树适当进行修剪,以免削弱树势。

②秋剪时间不宜太早和太晚,并配合早施基肥。

③秋季雨水多,疏大枝的要涂伤口保护剂,以防感病。

3.采前摘叶

在果实着色期间，叶片密度过大，距果面过近，甚至贴在果面时，必然遮挡果面光照，影响着色，形成果面绿斑，因而需要摘除。在现代集约化栽培的示范果园中，随着短枝型品种的大量应用，贴果叶片大量形成，采前摘叶也就显得更为重要了。采前摘叶就是在果实采收前的一段时间，用剪刀把直接遮挡果面、影响果实着色的叶片适量摘除，从而促进苹果果面均匀着色，提高苹果果实外观质量。

（1）适宜时期：摘叶不能过早，如果摘叶过早，全树叶片的减少必然导致果实有机物质含量下降，果面着色缓慢。相反，如果摘叶过晚，遮阴形成的绿斑接受光照的时间过短，花青苷形成的少，影响果实着色质量，也就影响了果品在市场上的竞争力。摘叶一般在果实摘袋后3～7天进行，即果实快速着色期。

集约化程度较高的果园，采前摘叶常常分期进行，一般分2～3次。第一次摘叶在9月下旬，摘叶量极少，仅摘除直接影响果面的叶片；10月份进行第二、三次摘叶，摘叶量大，以摘除果台副梢基部叶为主，适当摘除果实附近新梢的基部到中部叶片，总摘叶量可达到总叶量的20%～30%。此时摘叶不影响果实含糖量，却能显著增加全红果率。

（2）方法：

①全叶摘除。就是将那些遮挡果面的叶片从叶柄处摘下，这是采前摘叶操作中最常用的方法。摘全叶时用右手指甲将叶柄掐断即可，不要从叶柄基部掰下叶片，以免损伤母枝上的芽体。摘叶时尽量摘薄叶、黄叶、小叶、病叶等叶功能低的叶片，保留功能高的好叶片。

②半叶剪除。有些肥大的功能叶仅仅是前端半叶遮阴，如果将整个叶片摘除，树体营养损失较大。因此，可采用半叶剪除的方法，用修枝剪等器具剪除遮挡果面的叶片前端，剩余半叶仍能进行光合作用。短枝形品种，剪半叶最常用。

③转叶。就是在采前将直接遮挡果面的叶片扭转到果实侧面或背面，使其不再遮挡果面，以达到果面均匀着色的目的。采前转叶保留了叶片，对树体光合作用的负效应最轻，适宜在叶片密度较小的果树上应用。

（3）注意事项：采前摘叶量应根据土壤肥力情况、树体营养状况和树体的负载量等因素来确定。目前我国大部分盛果期果园留果量偏大，有机营养消耗量大，土壤肥力较低，所以采前摘叶不宜过量。否则，不仅果实着色缓慢，色相不正，而且还会导致花芽质量下降、树体营养水平降低。一般来说，摘叶不能过多，摘叶量控制在20%～30%为宜。

4. 采前转果

采前转果就是在红色品种成熟前,将果实未着色的阴面部位转向阳面,目的是使整个果实均获得阳光的直射而全面着色。

(1)转果方法:采前转果因品种特性、果柄长短、着生位置等差异可分为一次转果、二次转果和多次转果三种方法。

一次转果:就是将果实按顺时针方向一次转动180°左右,将果实阳面和阴面位置对调过来。转果时左手握住结果枝,右手轻托果实底部,平缓转动到所需角度,再将果实贴住母枝或邻近的枝叶,以固定转果之后果实的位置。适于果柄较长、对日灼不敏感品种和树冠下部、内膛果实。

二次转果:第一次先将果实朝一个方向转90°~120°,第二次再将果实朝相反方向转180°~200°,二次转果间隔10天左右。两次转果时,果实阴面始终处于侧光位置,避免因阳光直射而引起果面日灼。二次转果适于果柄较短、对日灼敏感品种和树冠上部外围果实。

多次转果:就是将果实沿一个方向或两个方向多次转动,最终使果实阴面全面着色。适于对日灼极敏感品种,尤其在华北地区及黄土高原产区,干旱少雨时易出现午间高温现象,果实阳面往往出现日灼伤,在树冠中上部及南侧更是如此,多次转果可有效降低日灼伤害。

（2）转果时期：不套袋苹果转果通常在采收前2～3周进行，套袋苹果在摘袋后4～5天开始。转果时期因转果方法、品种及果园条件而异。

①不同方法的转果时期。

一次转果：不套袋果实在采果前12～15天、套袋果实在摘袋后5～7天时进行。

二次转果：不套袋果实第一次转果在采前15天左右进行，约10天后进行第二次转果；套袋果实第一次转果在摘袋后4～5天进行，10天后进行第二次转果。

多次转果：不套袋果实第一次转果在采前15天左右开始，以后每隔3～5天转一次果；套袋果实第一次转果在摘袋后4～5天进行，以后每隔3～5天转一次果，直至果实全面均匀着色。

②不同品种的转果时期。

易着色品种：如元帅系品种，不套袋果实采前10～15天转果，套袋果实摘袋后7～10天转果。

不易着色品种：如富士系品种，不套袋果实在采前15～20天时转果，套袋果实在摘袋后4～5天转果。

③树冠不同部位果实的转果时期。群体密度和个体密度比较大的果园，采取树冠不同部位果实分批转果的方法，先转树冠下部及内膛果实，2～3天后再转树冠上部及外围的果实。

（3）注意事项：

①转果时要戴手套作业，以免指甲划伤果面，影响果面均匀着色。

②转果时期不可过晚，否则果柄变脆容易扭掉果实。对于下垂果，因为果实转过后不容易固定住，可用透明胶带将果实粘贴在附近的枝条上加以固定。

③转果应选在阴天及多云的天气进行，或在晴天早晨和下午进行，避免在中午转果，以防止果实日灼。

④转果时严防用力过猛，以免扭落果实。

⑤转果的目的是使果实全面着色，为取得良好效果，还须配合其他措施，如疏除遮挡光照的新梢、变换结果枝组的位置，使处在背阴位置的结果枝组也能受到直射光。

5. 地面铺反光膜

铺银色反光膜是通过反光膜对阳光的反射，改善整个果园尤其是树冠下部和内膛的光照条件，从而使树冠下部和内膛的果实，尤其是果实不易着色的部位如萼洼处也能受光，以提高全红果率和果实含糖量，进而达到提高果实外观及内在品质的目的。

（1）反光膜种类与选择：

①反光膜种类。

果园专用反光膜：多为聚丙烯、聚酯铝箔、聚乙烯材料的纯料双面复合膜，柔韧性好，反光率高，抗氧化能力强。

普通复合镀铝膜或银灰膜：反光效果和专用膜基本相

同，但不防积水，需要人工清除积水，使用寿命较短。否则铝层直接与雨水、药水接触，日晒雨淋后铝很快被氧化分解而失去反光作用。

普通地膜：也有反光作用，但效果较差。

②反光膜选择。宜选质量较好的，如果园专用反光膜，每亩投资400元左右，但效果好，使用年限长，可连续使用5年以上。质量较差的在生产过程中加入了回收料，抗拉力弱，脆性大，易破裂，反光率低，使用年限最高3年左右。

（2）铺膜时期：套袋果园在内袋摘除后3~5天进行，不套袋果园在采收前30~40天进行。

（3）铺前准备：乔化果园可在铺膜前清除行间杂草，剪除树干周围根蘖，用耙子将地整平。矮化密植果园，可不整地，随地势铺膜。套袋果园在铺膜前先摘袋，并进行适当的摘叶。为了保证效果，还可对果园修剪，回缩树冠下部拖地裙枝，疏除树冠内膛遮光严重的直立枝、徒长枝，使更多的阳光投射到反光膜上。

（4）铺设方法：顺行向铺在树冠两侧，反光膜的外边与树冠的外缘对齐。铺设时将成卷的反光膜放在果园的一端，然后倒退着将膜慢慢滚动展开，边展开边用石头、砖块或绳子压膜，防止风吹。铺设时不要将膜拉得太紧，否则，会因气温降低时，反光膜冷缩撕裂，影响反射效果和使用寿命。

（5）铺后管理：铺膜后要经常检查和清理，及时扫去膜上的枝叶和尘土，以增加膜的反光效果；尤其在刮风下雨等恶劣天气过后，要及时将风刮起的膜重新弄平，将膜上的泥土、落叶及时打扫干净，保证膜的反光效果。采果前1～2天将反光膜上的树叶、土块等打扫干净，小心将膜揭起，卷叠起来，再用清水洗净，晾干，在室内无腐蚀性环境中存放，以便来年再用。

（6）注意事项：

①铺设反光膜时要内高外低，使雨水流向行间，以防膜面积水，影响反光效果。

②压膜不宜用土，以防将反光面弄脏，影响反光效果。

③铺反光膜应与摘叶、转果、秋季修剪等其他增色技术结合起来，以增加反光膜的使用效果，大幅度提高全红果率和果实品质。

6. 生长调节剂和微肥应用

（1）果形剂：使用苹果果形剂，是提高果实的果形指数、实现果实高桩、显著改善果实外观品质的有效技术措施，尤其对元帅系苹果的五棱突起，表现该品系的特征有明显效果。

①果形剂种类。目前，生产中应用的果形剂类型较多，常用的有宝丰灵、益果灵、果美丰、施威等。

②使用方法。主要在元帅系品种上应用，其中新红星、首红、超红、天汪一号等效果较佳。在富士系品种上

有显著提高果形指数的作用，对金冠等苹果也有类似作用。喷施浓度300～400倍液。连续使用2～3次，间隔期2～3天。中心花开放20%～30%喷第1次，时间以上午8～10时、下午16～20时为好。

喷药部位为花瓣、柱头、萼片，最好是中心花。

③注意事项。配药的水质必须是中性，pH应在6.8～7.2之间；喷施浓度不能过大，否则会引起畸形果率升高，并且要随配随用，不能存放，以免降低药效；喷雾器最好选用手提式小型喷雾器，既节省用药，也便于正对中心花花瓣喷药，降低畸形果率；喷药时避免大风天气，以免药粒飘移，喷施不全。

（2）果实增色剂：多年来，增色剂的研究和应用一直是众多科研人员和果农共同关注的热点，归纳划分有以下几大类：

①生长调节剂类。

乙烯利：苹果成熟前10～30天喷浓度为200～1 000毫克/升乙烯利可显著促进果实着色。早熟苹果使用时间宜晚，浓度应低，一般在采前10～20天，浓度为200～500毫克/升；中晚熟品种使用时间宜早，浓度要高，一般在果实采前20～30天，浓度为500～1 000毫克/升。

丁酰肼（B$_9$）：不套袋果实在采前45～60天喷浓度为2 000毫克/升的丁酰肼（B$_9$），全红果和半红果率可达85%以上。

萘乙酸：在苹果采收前30~40天用浓度30~40毫克/升的萘乙酸溶液连喷1~2次，可显著提高全红果率。

PBO：喷PBO 300倍液，7天可明显看出增色效果。

喷生长调节剂时，要严格控制浓度，以免引起反作用，且药液要喷布均匀；有间作物的果园，作业时尽量避免间作物着药。

②营养元素类。

增红剂：山西研制。在树势中庸、负载适量情况下，分别在采前40、30、20天连喷3次1 500~2 000倍液，能使苹果提早7~10天上色，着色指数显著提高。增红效果在红富士上比秦冠明显，短枝型果树比乔化树明显。

氨基酸复合肥：一种高效叶面复合肥。从5月开始，每隔15天喷一次300倍氨基酸复合肥稀释液，共喷4次，果实着色率提高40%。

高美施：一种有机腐殖酸活性平衡营养液，在果实成熟前15~20天，以1∶100倍液涂干，能增加果实着色面积。

天达2116：摘袋后喷一遍600~800倍液天达2116，可显著促进果实着色，果面光亮鲜艳。

果实含糖量和着色呈正相关关系，能促进果实着色的生长调节剂和微肥，也能显著提高果实含糖量。

（八）果实适期采收及采后处理

苹果采收及采后处理直接影响到采后果品的贮运损

耗、品质保存、贮藏寿命及商品的货架期。采收和采后处理技术不当，容易造成大量损失，果民丰产不丰收。适宜的采后处理技术措施是改善果品商品性状、提高果品价格和信誉的保证，可为生产者和经营者提供稳固的市场和更高的经济效益。

1. 适期采收

果实采收是果树田间生产的最后一个环节，又是果品处理的最初环节，同时也是影响果品采后处理技术成败的关键环节。采收的目的是使果品在适当的成熟度时转化成为商品，采收速度要尽可能地快，采收时要力求做到最小的损伤和损失以及最小的花费。果品的适宜采收期、采收成熟度、采收使用的方法，分级、包装处理，冷链物流体系，货架技术在很大程度上影响产量、品质和商品价值，影响采后处理的效果，直接影响经济效益。

每年由于采收成熟度、田间采收容器、采收方法不适当而引起的机械伤损失达8%～10%，在采收后的贮运到包装处理等采后处理技术过程中缺乏对产品的有效保护。采收的原则是适时、无损、保质、保量和减少损耗。适时就是在符合采后处理要求时采收。无损就是要避免机械伤害，保持完整性，以便充分发挥品种固有的特性。

果品一定要在适宜的成熟度时采收，采收过早或过晚均对果品品质和耐藏性带来不利的影响。采收过早不仅产品的大小和重量达不到标准，影响产量，而且果品的风味、色泽和品质也不好，不能充分显示该品种固有的优良性状和品质，贮藏期间易失水皱缩而失鲜，增加某些病害的发生，达不到适于鲜食、贮运、加工的要求，耐藏性也差；采收过晚，果品已经过熟，进入过衰老进程，不耐贮藏和运输，货架期短。

在确定果品的采收成熟度、采收时间、采收方法时，应根据采后用途、市场的距离、分级包装加工等处理场所的状况、贮运物流条件、贮藏保鲜时期的长短、贮藏方法和设备技术条件因素来确定。一般就地鲜食销售的果品，可以适当晚采；用做长期贮藏和远距离运输的果品，应适当早采。

（1）采收成熟度及采收期的确定：根据果品的不同成熟程度可分为未熟期、适熟期、完熟期、过熟期。

未熟期：果实在母体上尚未达到可食用时应具有的足够风味的阶段，或者对于采收后有后熟过程的果品，即使进行追熟处理也达不到良好风味。

适熟期：果实在母体上已经达到可食状态的阶段，或者具有后熟过程的果品，经追熟可以达到食用要求的风味、品质。

完熟期：果实在母体上已经达到应具有的最佳食用风味、品质。

过熟期：果实在母体上味道已经明显变淡，或者已经失去鲜食商品性。

果实在树体上达到完熟时采收，色泽、品质、风味最佳，但往往不耐贮藏。对于需要中长期贮藏的苹果要适当早采（呼吸跃变前采收）。

（2）成熟度确定指标：

果实表面色泽变化：果实在成熟时果皮都会显现出本品种特有的颜色变化。一般未成熟果实的果皮中含有大量的叶绿素，随着果实的成熟，叶绿素逐渐降解、消退，类胡萝卜素、花青素等色素逐渐合成，呈现出果实的固有颜色。因此，色泽是判断果品成熟度的重要标志。

果实硬度：通常未成熟的果实硬度较大，达到一定成熟时才变软。只有掌握适量的硬度，在最佳质地时采收，果品才能够耐贮藏和运输。

生育期：不同品种的果实由开花到成熟有一定的生长期，各地可以根据当地的气候条件和多年的经验得出适合当地采收的平均生长期。如山东元帅系苹果的生长期为145天，国光苹果的生长期为160天，富士系品种的生长期为200天左右。

果梗脱离的难易程度：离层形成时是果实品质较好的成熟度，应及时采收，否则果实会大量脱落，造成大的经济损失。

主要化学物质的含量：果品在生长、成熟过程中，主要的化学物质如糖、淀粉、有机酸、可溶性固形物的含量都在发生着不断的变化。化学物质的含量和变化情况可以作为衡量果品品质和成熟度的标志。可溶性固形物中主要是糖分，含量高标志着含糖量高、成熟度高。总含糖量与总酸含量的比值称为"糖酸比"，可溶性固形物与总酸的比值称为"固酸比"，它们不仅可以衡量果实的风味，也可以用来判别果实的成熟度，如苹果糖酸比为30∶1时采收，果实品质风味好。随着果品的成熟，体内的淀粉不断转化成为糖，糖含量增高，因此通过测定果实糖和淀粉含量，可判断果品的成熟度。不同品种的苹果成熟过程中淀粉含量的变化不同，可以制作淀粉变蓝图谱，作为成熟采收的标准。

　　因单一指标受气候条件和栽培技术影响太大，不稳定也不可靠，故应结合其他指标来进行判断（表3）。此外，确定采收适期也要考虑市场需要和当地特殊气候条件，视具体情况灵活掌握。

表3　　　　　　苹果不同品种适期采收指标

品种	果实生育期（天）	可溶性固形物含量（%）	可滴定酸含量（%）	硬度（千克/厘米²）
嘎拉	110～120	≥12.5	≤0.35	6.5～7.0
新红星	135～155	≥11.0	≤0.40	6.5～7.6
金冠	135～150	≥13.5	≤0.60	6.5～6.8
乔纳金	135～150	≥13.5	≤0.50	6.3～6.8
王林	145～165	≥13.5	≤0.35	6.3～6.8
富士	170～185	≥14.0	≤0.40	7.3～8.2

（3）采收方法：可分为人工采收和机械采收。

①人工采收。人工采收需要很大的劳动量，特别是劳动力较缺及人工工资较高的地方，增加了生产成本。苹果果皮鲜脆，人工采收可以做到轻拿轻放，避免碰破擦伤。同时，树冠不同部位果实成熟度不一致，人工采收可做到分期采收。原先苹果采收时，以手掌将果实向上一托自然脱落，带果柄放入采摘容器内；现在为避免果柄划伤果面，采用采果剪，将剪口深入梗洼底部一剪，果柄留在树上，去果柄苹果放入采摘容器内。

注意事项：采收前15天停止浇水。一天内采摘时间以气温较低的早晨较好。要用采果袋（篮）、采果梯和盛果筐等采收工具。具体到一株树，采摘时要由下向上、由外向内进行，减少人为的枝叶损伤。采收过程中要轻拿轻放，防止机械损伤。采下果实要尽快运至包装场，暂时运不走时，要放在树荫下，或用草席遮盖，以防止日晒。为提高优质果率，最好分期采收，一般可分2~3次进行。首次主要采收树冠外围及上部果个大、着色好的果实；1周后再采摘树冠内膛和中下部着色较好的果实，最后采下留在树上的所有果实（净树）。分期采摘时，注意不要碰伤或碰掉留在树上的果实，以减少落果损失。

②机械采收。机械采收可以节约大量劳动力，一般使用强风压机械，迫使离层分离脱落；或用强力机械摇晃主枝，使果实脱落，但树下必须布满柔软的传送带，以承接

果实，并自动将果实送分级包装机内。机械采收效率高、成本低，在美国与手工相比成本降低43%～66%，一棵树仅用7～13分钟即可采收60%～85%的果实。但是，经过机械采收的果实容易遭受机械损伤，贮藏中腐烂率增加。

2. 采后处理

从采收到销售经过以下流程：适期采收→短途运输→挑选（剔除病、虫、次果）→分级→包装→预冷→冷链物流→贮藏→销售→消费者。

用于贮藏的果品采后一般经过初选后直接包装（贮藏保鲜包装）入贮，贮后上市前再进行其他处理。果品采后处理的核心是分级、预冷、冷链物流及贮藏保鲜。

（1）果品分级：果品在生长发育过程中，由于受多种因素的影响，大小、形状、色泽、成熟度、病虫伤害、机械损伤等状况差异甚大，即使同一植株上的个体，它们的商品性状也不可能完全一样。因此，只有按照一定的标准进行分级，使商品标准化，或者商品性状大体趋于一致，才有利于果品的收购、贮藏及加工、包装、运输、销售。分级是果品商品化生产的必需环节，是提高果品质量及经济价值的重要措施。

①分级标准。果品分级标准的主要项目因品种不同而稍有差别，一般是在果形、新鲜度、颜色、品质、病虫害、机械伤等方面符合要求的基础上，再按大小进行分级，

即根据果实横径最大部分的直径，区分为若干等级。

②分级方法。

手工分级：是目前普遍采用的方法，即根据人的视觉判断将产品分成若干等级。手工分级能减轻伤害，但工作效率低，级别标准易受人心理因素的影响，这种主观意识上的误差往往导致产品的级别标准出现较大偏差。

机械分级：采用机械分级，可消除人为因素的影响，重要的是能显著提高工作效率。美国、日本等多采用机械分级，根据果实直径大小进行选果，或根据果实重量进行选果。

（2）果品包装：为了保护果品在运输、贮藏、销售中免受伤害，对其进行包装是必不可少的。此外，包装还能起到美化商品和便利贮运、销售的作用。同时，包装容器还能减少果品失水，对保持果品新鲜度和延长贮藏期有一定作用。

①包装场所。一般有两种形式，一种是果农或经销商设置的临时性或永久性的包装场，规模较小；另一种是商业部门或者经营单位设置的永久性包装场，规模较大，设施齐全。包装场所选址的原则是靠近产地，交通方便，地势高燥，场地开阔，同时还应远离散发刺激性气体的工厂等污染源。苹果包装目前多用手工操作。

②包装容器。包装容器兼有容纳和保护果品的作用，质地应坚固，可以承受重压而不致变形破裂，且无不良气

味。规格大小适当,便于搬运和堆码,容器内部应光滑平整,不致造成损伤,同时能保持清洁。外形美观,并配以精美的装潢,增强对顾客的吸引力,特别是外贸出口的苹果产品,这点尤为重要。

瓦棱纸箱是当前苹果包装的主要容器,具有经济、牢固、美观、实用等优点。

塑料箱是果品贮运和周转中使用较广泛的容器,用多种合成材料制成,最常用的是用高密度聚乙烯制成的多种规格的包装箱。高密度聚乙烯箱的强度大、箱体结实,能够承受一定的挤压、碰撞压力;能堆码至一定的高度,提高贮运空间的利用率;外表光滑,易于清洗,能够重复使用。

东欧国家采用的包装箱标准一般是600毫米 × 400毫米和500毫米 × 300毫米,箱高以给定的容量标准来确定,苹果容量不超过20千克;美国红星苹果的瓦棱纸箱规格为500毫米 × 302毫米 × 322毫米;我国出口苹果,逐个包纸后装入纸箱,每箱定量80、96、120、140和160个,净重18千克。

(3)果品预冷:所谓预冷,是指果品在贮藏或者运输之前,迅速散去田间热,把果温降低到规定温度所采取的措施。预冷是果品低温运输和冷藏的一项重要措施,预冷要求尽快降温,必须在收获后24小时之内达到降温要求,而且降温速度愈快效果愈好。有研究指出,苹果在

常温下（20℃）延迟1天，就相当于缩短冷藏条件下（0℃）
7～10天的贮藏寿命。

预冷时应根据果品特性、数量和包装状况决定采用何
种方式和设施。一般分为两类。

①自然预冷。效果差，应用少。

②人工机械预冷。使用较为普遍。人工机械预冷有
多种，如冷空气、冷水、抽真空等，各种方式都有其优缺
点，国内以强制通风冷空气冷却最为通用。

强制冷空气通风冷却预冷：采用专门的快速预冷装置
或冷藏库，通过强制冷空气高速循环，使果品温度快速
降下来。

强制冷空气通风冷却：多采用隧道式预冷装置，即将
果品包装箱放在冷却隧道的传送带上，高速冷风在隧道内
循环而使果品冷却。冷冻效果显著，但比水冷却和真空冷
却所需的时间要长至少2倍。

（4）果品运输：果品采收后，除少部分就地销售供应
外，大量的果品需要转运到人口集中的城市和贸易集散地
加工、贮藏、销售。为了实现异地销售，运输在生产与消
费者之间起着桥梁作用。发达国家已建立冷链物流体系，
果品采后实现了冷链运输，即以温度控制为基础的多种保
鲜设施、设备和技术的综合运用。果品从采后的分级、包
装、运输、贮藏、货架销售，直至消费者手中的全部过程，
均处于适宜的低温条件下，可以最大限度地保持果品的新

鲜度及风味品质。我国的果品冷链物流刚刚起步,急需适合我国国情的冷链物流设施和相应的技术。

果品运输应注意以下几点:

①运输的果品要符合运输质量的标准,没有败坏,成熟度和包装应符合规定,并且新鲜、完整、清洁,没有损伤和萎蔫失水。

②果品运输前,要尽可能地进行预冷处理。包装要选择有保湿功能的,以保持果品的新鲜度,防止萎蔫失水。

③承运部门应尽量组织快运快装,现卸现提,保证果品的质量。装运时堆码要安全稳当,要有支撑和垫条,防止运输中移动或倾倒。堆码不能过高,堆间应留有适当的空间,以利通风。

④装运果品时应避免撞击、挤压、跌落等现象,轻拿轻放,尽量做到运行快速平稳。装运应简便快捷,尽量缩短采收与交运的时间。

⑤运输时要注意通风。

(5)贮藏保鲜:

①入贮前的准备工作。入贮前20天对制冷设备、电气装置等进行保养和维护。检查机器运转情况、压力、温度指示情况是否正常,控制系统是否准确,有故障及时排除,保证设备和整个系统正常运转。用冰水混合液标定温度测头调整仪表零点,保证控温精度和准确度。

库房消毒杀菌:入贮前10天应对库房进行全面的清

理和打扫，使用过的库房进行彻底的灭菌。整个库房消毒前应对设备和货架的金属部分进行保护，即用2%~3%的安特福尔敏水溶液喷刷。库内工具或容器如垫木、架子、托盘等用药剂（0.25%次氯酸钙）浸泡或刷白，起码要放在阳光下曝晒1~2天。库房消毒常用的方法是硫磺熏蒸法和液体药剂喷洒法。

库房预冷：库房的设备、保温设施、消毒等经检查合格后，入贮前7~10天正式开机降温，使库房温度降至-1℃，要求将整个库体冷透并保持稳定，有多个冷库单元时应同时降温预冷。

②果品的贮藏保鲜。果品采收以后由于脱离了与母体的联系，不能再获得营养和水分，且易受到自身及外界一系列因素的影响，质量不断下降甚至很快失去商品价值。为了使果品的呼吸、后熟、衰老进程得以延缓，防止微生物的侵染，保持新鲜果品的质量和减少损失，须进行贮藏保鲜。果品采后贮藏保鲜就是根据果品的生物学特性及其对温度、相对湿度、气体成分等条件的要求，创造适宜而又经济的贮藏保鲜条件，以维持果实正常新陈代谢，从而延缓果实品质变化，保持新鲜饱满状态，减少腐烂损失，延长贮藏寿命。

果品的贮藏保鲜方式很多，依据贮藏场所的特点可分为简易贮藏、冷藏、气调贮藏等。

简易贮藏：指利用自然环境条件进行的沟藏、堆藏、窖藏等。这种贮藏多数是在产地进行，简便易行，贮藏成本低，若遇到某些年份气候条件适宜，贮藏效果较好。但总的讲受自然气候条件影响较大，贮藏期间温湿度条件不能有效控制，所以，贮期较短，贮藏质量较差，损耗较大，有时甚至会出现不同程度的热烂或冻损。简易贮藏的苹果必须先在阴凉通风处散热预冷，白天适当覆盖遮阴防晒，夜间揭开降温，待霜降后气温降下时再行入贮。贮藏期间应根据外部自然条件的变化，利用通风道、通风口，通过堆码时留有空隙，在早晚或夜间进行通风降温防热。利用草帘、棉被、秸秆等进行覆盖保温防冻。一般可贮至来年3月。主要适用于国光、红富士等晚熟苹果，对金冠、元帅等中熟苹果不适宜。

通风库贮藏：只适宜晚熟苹果。入库时就分品种、分等级码垛堆放，堆码时，垛底要垫放枕木（或条石），垛底离地10~20厘米，在各层筐或几层纸箱间应用木板、竹篾笆等衬垫，以便于码成高垛。码垛要牢固整齐，码垛不宜太大，为便于通风，一般垛与墙、垛与垛之间应留出30厘米左右空隙，垛顶距库顶50厘米以上，垛距门和通风口（道）1.5米以上，以利通风、防冻。贮期主要管理是根据库内外温差来通风排热。贮藏前期，多利用夜间低温来通风降温。有条件的最好在通风口加装轴流风机，并安装温度自动调控装置，以自动调节库温尽量符合贮藏要求。贮藏中期，减少通风，库内应在垛顶、四周适当覆盖，以免受冻。通风库贮果，中期易遭受冻害。贮藏后期，库温会逐步回升，期间要每天观测记录库内温度、湿度，并经常检查苹果质量；检测果实硬度、糖度、自然损耗和病、烂情况。出库顺序最好是先进的先出。

冷库贮藏：苹果适宜冷藏，尤其对中熟品种最适合。其中元帅系品种应适时早采，金冠苹果应适时晚采。贮藏时最好单品种分别单库贮藏。采后应在产地树下挑选、分级、装箱（筐），避免到库内分级、挑选，重新包装。入冷库前应在走廊（也称穿堂）散热预冷一夜再入库。码垛应注意留有空隙。尽量利用托盘、叉车堆码，以利堆高，增加库容量。一般库内可利用堆码面积70%左右，折算库内实用面积每平方米可堆码贮藏约1吨苹果。冷库贮藏管理主要是加强温湿度调控，一般在库内中部、冷风柜附近和远离冷风柜一端挂置1/5分度值的棒状水银温度表，每天最少观测记录3次温湿度。通过制冷系统调控库温上下幅度最好不超过1℃，最好安装电脑遥测，自动记录库内温度，指导制冷系统及时调节库内温度，力求稳定适宜。冷库贮藏苹果往往相对湿度偏低，应注意及时人工喷水加湿，保持相对湿度在90%～95%。冷库贮藏元帅系苹果可到新年、春节，金冠苹果可到翌年3～4月，国光、红富士等可到4～5月，质量仍较新鲜。若想保持色泽和硬度少变化，最好利用聚氯乙烯透气薄膜袋衬箱装果，并加防腐药物，有利于延迟后熟、保持鲜度、防止腐烂。

气调贮藏：苹果最适宜气调冷藏，尤以中熟品种金冠、红星、红玉等，控制后熟效果十分明显；国际和国内的气调库基本上是贮藏金冠苹果用的。气调冷藏比普通冷藏能延迟贮期约1倍时间，可贮至翌年6~7月，保持质量仍新鲜如初，可供远运调节淡季，并供出口。也可在普通冷库内安装碳分子筛气调机来设置塑料大帐罩封苹果，调节内部气体成分，塑料大帐可用0.16毫米左右厚的聚乙烯或无毒聚氯乙烯薄膜加工热合成，一般帐宽1.2~1.4米、长4~5米、高3~4米，每帐可贮苹果5~10吨。还可在塑料大帐上开设硅橡胶薄膜窗，自动调节帐内的气体成分，适合苹果的气调贮藏。一般帐内贮每吨苹果需开设硅窗面积0.4~0.5米²。因塑料大帐内湿度大，不能用纸箱包装苹果，只能采用木箱或塑料箱装，以免纸箱受潮倒垛。气调贮藏的苹果要求2~3天内完成入贮封帐，并及时调节帐内气体成分，使氧降至5%以下，以降低果实呼吸强度，控制后熟过程。一般气调贮藏苹果，温度在0~1℃，相对湿度95%以上，调控氧在2%~4%、二氧化碳3%~5%。气调贮藏苹果应整库贮藏，整库出货，中间不便开库检查，一旦解除气调状态，即应尽快调运上市供应。

二　自然灾害防控

　　苹果是多年生木本植物，具有树体高大、结构复杂、生命周期长等特点，苹果的生命周期一般十几年甚至几十年。苹果园又是一个复杂的人工生态系统，易受自然地理、生态环境、气候条件的影响，除了生长期内各气象因子必须满足以外，还要求年周期特别是生育关键时期和越冬气候条件适宜，整个生命周期都必须连年满足。这就决定了苹果产业是一个生产程序复杂、生产周期长、更新换代慢的产业，也是一个容易遭受自然灾害、防灾抗灾困难、灾后恢复生产缓慢的产业。同时，我国苹果栽培分布广泛，苹果产业的发展是建立在千家万户经营管理模式基础之上，经济基础薄弱、生产设施条件简陋、技术集成配套程度低，决定了苹果产业防范和抵抗各种自然灾害的能力非常有限。因此，苹果产业经常面临各种各样的突发性自然灾害的威胁，只有做好灾害的预报、预警、组织宣传、实施好防范和抵御各种自然灾害的各项技术措施，才能做到未雨绸缪、有备无患。

（一）苹果主要自然灾害

1. 霜冻灾害

冬初、春末比较温暖的时期，由于寒流或辐射冷却使土壤、植物表面以及近地面气温短时间内骤降（0℃或0℃以下），造成苹果树或某些组织器官（花、芽、幼果、枝条、皮层、树干等）遭受冻害或树株死亡等低温天气危害，定义为苹果霜冻灾害。霜冻常常造成苹果大幅度减产甚至绝产，是我国苹果产业最重要的自然灾害之一。

根据霜冻发生时期，分为早霜冻和晚霜冻（也叫秋霜冻和春霜冻）。按霜冻的形成原因又可分为平流霜冻、辐射霜冻和平流辐射霜冻。平流霜冻是由于强冷空气引起剧烈降温而形成的。气温比地面温度还低，称为风霜。该霜冻危害面积大。辐射霜冻是由于夜间晴朗无云、无风，地面或物体表面辐射降温而形成，越靠近地面，温度越低，地面温度比气温还低，故称为地霜。此类霜冻持续时间短而危害较轻。平流辐射霜冻是在冷平流和辐射降温共同作用下形成的霜冻。这类霜冻出现的次数多，影响范围大，并可发生在日平均气温较高的暖和天气之后，所以对苹果生产危害较重。

2. 寒潮灾害

由于北方强冷空气大规模向南入侵，造成剧烈的大风降温、雨雪及冰冻天气，引发苹果树体或组织器官（花、芽、幼果、枝条、皮层、树干等）遭受冻害甚至造成死树等危害，定义为苹果寒潮灾害。

按寒潮发生时间可分为秋末冬初、深冬、冬末春初3个阶段。

秋末冬初阶段：发生时间以冬初为主，个别年份、个别地区可提前至10月上中旬或拖后至12月中旬，特点是降温迅猛，适逢中国北方苹果树刚进入越冬锻炼时期，剧烈降温很容易造成寒害，给生产造成重大损失。

深冬阶段：发生时间大致在12月中旬至翌年2月上旬，主要特点是低温强度大，持续时间长，容易造成树体枝干冻害。

冬末春初阶段：发生时间多在3月底至4月，俗称倒春寒，主要特点是气温变化剧烈，春季气温快速回升后，又快速下降，尤其是在日平均气温稳定通过0℃以后，再出现较长时间日最低气温低于－3℃或－5℃的天气，极易造成苹果树冻害，以花器官受冻为主。

3. 冰雹灾害

由于冰雹袭击，造成苹果树体及枝、叶、果实不同程度被砸伤、折断、脱落等机械损害，使苹果大幅度减产甚至绝产；或者降冰雹后土壤、气温骤降，使苹果树遭受不同程度的冻害，定义为苹果冰雹灾害。

冰雹多发生在春末夏初季节交替时，这个时期暖空气逐渐活跃，带来大量的水汽，而冷空气活动仍很频繁，这是冰雹形成的有利条件。在夏秋之交冰雹也常发生，冬季很少降冰雹。降冰雹的日变化一般比较规律，中国大部分地区降冰雹开始时间多出现在午后14：00～17：00这段时间内。冰雹云的范围不大，多数不到20千米，移动速度可达50千米/小时，所以降冰雹的持续时间比较短，一般在5～15分钟，也有长达1小时以上者，但为数极少。中国冰雹的地理分布特点是：山地多于平原，高原多于盆地，中纬度多于高纬度和低纬度地区，内陆多于沿海，北方多于南方。全国有三个多雹区，即青藏高原、北方和南方多雹区。易发生冰雹的地形是：山脉的向阳坡、迎风坡，山麓和平原交界地带，山谷，山间盆地，马蹄形地形区。

4. 冻害

在越冬期间，遭遇到极端低温、长时间持续低温（气温远低于正常年份）或大幅度降温影响，造成苹果树体和组织器官（花芽、枝条、根系、皮层、树干等）受到不同程度损害甚至造成死树等严重危害，定义为苹果冻害。

苹果受冻害的程度除取决于低温强度外，还与低温的持续时间、当时的天气、品种及受冻前的适应情况等有关。

苹果树受冻害主要分为三类。

冬季严寒型：冬季的极端最低温度，对苹果树的冻害具有重要影响，低温持续时间过长，往往会引起更严重的冻害。另外，如果冬季气温变化剧烈，日较差大，往往会导致树体受冻（树干基部受冻、树干冻裂及枝条和花芽受冻）。

入冬剧烈降温型：晚秋至入冬季节，苹果树正是由生长过渡到休眠的时期，此时气温骤然大幅度下降，往往会造成较严重的枝干冻伤，不仅使产量降低，而且会造成整株树体死亡。

早春融冻型：苹果树在休眠期，抗寒力较强，随着春季的到来，气温上升，回暖融冻，抗寒力则随之降低。此时如遇天气回寒和干旱，苹果的花芽和枝条往往会受冻害，也会发生枝干的日灼和抽条现象等。

5. 干旱灾害

连续长时间无雨或少雨，造成空气、土壤缺水的气象条件，使果树正常的生长发育受到不同程度的抑制或损害，导致树体衰弱、抽枝困难、落果、落叶、大幅度减产甚至绝产死树等严重危害，定义为苹果干旱灾害。

按照干旱发生的季节，可分为春旱、夏旱、秋旱和冬旱。春旱：在我国华北、西北和东北的部分地区，春季温度回升很快，空气干燥，太阳辐射较强，风力又较大，蒸发力很强，这些地区冬季降水稀少，一旦春季长时间无雨或雨量明显偏少，就容易发生春旱。在华北地区春旱发生的频率很高，有"十年九旱"之说。夏旱：进入夏季后气温高，太阳辐射强，大气蒸发力很强。这时果树生长旺盛，耗水量很大，遇到长时间无雨、少雨天气，土壤水分含量迅速减少，会发生旱害。秋旱：入秋后降水量迅速减少，但果实正处于第二个生长高峰，耗水多，长期无雨会发生干旱，影响苹果产量。冬旱：冬季大陆性干冷气团控制我国广大地区，降水量一般比较小。但在我国北方地区，冬旱严重时，会引起越冬果树新梢抽干现象，使第二年结果的果枝显著减少。

6. 暴雪灾害

将由于长时间大量降雪造成大范围积雪，造成果树树体、芽体或果实冻害，影响来年产量、品质，加重病虫害发生的自然灾害定义为苹果暴雪灾害。

暴雪主要分布在我国东北、内蒙古大兴安岭以西和阴山以北的地区，祁连山、新疆部分山区、藏北高原至青南高原一带，川南高原的西部等地区，对苹果生产的影响不是太大，因为这些地区苹果很少。对苹果危害较重的，一般是秋末冬初形成的所谓"坐冬雪"，这时多数晚熟苹果还挂在树上，对果品质量的损伤极重；且秋末冬初地面尚未冻结，地温偏高，降雪有利于地下越冬害虫安全越冬，以致来年虫害严重；暴雪造成交通枢纽中断，导致大量苹果从产区无法正常运出，严重影响苹果前期的出口和内销。

7. 大风灾害

大风是指风力达到足以危害农业生产及其他经济建设的风。苹果大风灾害指由于大风天气而影响苹果授粉受精、吹断枝梢损伤树体或造成严重落果等不良后果的自然灾害。

根据大风形成的原因，可把大风分为冷锋后偏北大风、高压后部的偏南大风和温带气旋（东北低压、江淮气旋等）发展时的大风。以春季出现最多，夏季最少。从地理分布看，沿海多于内陆，北方多于南方。松辽平原、内蒙古平原、辽东半岛、青藏高原、华北平原以及台湾海峡一带是经常出现大风的地区。

8. 雨涝灾害

是湿（渍）、涝害的总称，是中国主要的农业气象灾害之一。按照水分多少，雨涝可分为湿害或渍害、涝害和洪害。连续阴雨时间过长，雨水过多，或洪水、涝害之后，排水不良，长期阴雨，土壤水分长时间处于饱和状态，使果树根系因缺氧而发生伤害，称为湿害或渍害；雨水过多，地面积水长期不退，使果树受淹，称为涝害。

按照涝灾发生的季节，可分为春涝、夏涝和秋涝。①春涝：春季主要是湿害，在苹果上发生较少。②夏涝：夏季主要涝害，中国绝大部分农业区降水量集中于夏季，因降水频繁或短时连降暴雨，总雨量过大而发生涝害。或有些地方地势低洼，排水不良，降水稍多，土壤水分就处于饱和状态而发生湿害。③秋涝：入秋后雨量迅速减少，涝害比较少，局部地区的大雨和暴雨可引起小范围的积水而发生涝害。连续阴雨持续时间过长及雨量过大，则可能发生大面积湿害。

9. 鸟害

由于鸟类啄食苹果对苹果生产带来的灾害，近年来随着生态环境的改善有逐渐严重的趋势。

（二）自然灾害预警与防御

我国是气象灾害频发的国家之一，气象灾害给人类造成的危害十分严重，特别是重大的灾害性天气对我国农业、国民经济、群众生活以及国家安全所造成的损失更为直接，带来的灾难更为深重。

1. 预警根据

（1）各级气象台站的天气预报与分析。

（2）各级政府有关部门的相关文件和通知。

（3）各级政府及其他有关部门的预警信息与通报。

（4）本行业、本部门、本单位自己进行的观测与所了解的实际情况。

2. 预警项目与级别

参照国家或地方颁布的一般性或突发性气象灾害预警项目和预警信号级别和标志，以及气象灾害对果树生产可能造成的危害特征、强度，确定我国果树产业重大突发性气象（自然）灾害的预警项目，主要包括霜冻、寒潮、冰雹、雨涝、暴雪、大风、暴雨、干旱。

（1）霜冻：

蓝色预警：48小时内最低气温将要下降到0℃以下（春秋季4℃以下），对农林业将产生影响；或者已经降到0℃以下（春秋季4℃以下），对农林业已经产生影响，并可能持续。

黄色预警：24小时内最低气温将要下降到 –3℃以下（春秋季2℃以下），对农林业将产生严重影响；或者已经降到 –3℃以下（春秋季2℃以下），对农林业已经产生严重影响，并可能持续。

橙色预警：24小时内最低气温将要下降到 –5℃以下（春秋季0℃以下），对农林业将产生严重影响；或者已经降到 –5℃以下（春秋季0℃以下），对农林业已经产生严重影响，并将持续。

（2）寒潮：

蓝色预警：24小时内最低气温将要下降8℃以上，最低气温低于或等于4℃，平均风力超过6级，或阵风7级以上；或已经下降8℃以上，最低气温低于或等于4℃，平均风力达6级以上，或阵风7级以上，并可能持续。

黄色预警：24小时内最低气温将要下降12℃以上，最低气温低于或等于4℃，平均风力可达6级以上，或阵风7级以上；或已经下降12℃以上，最低气温低于或等于4℃，平均风力达6级以上，或阵风7级以上，并可能持续。

橙色预警：24小时内最低气温要下降12℃以上，最低气温低于或等于0℃，陆地平均风力可达6级以上；或者已经下降12℃以上，最低气温低于或等于0℃，平均风力达6级以上，并可持续。

红色预警：24小时内最低气温要下降16℃以上，最低气温低于或等于0℃，陆地平均风力可达6级以上；或者已经下降16℃以上，最低气温低于或等于0℃，平均风力达6级以上，并可持续。

（3）冰雹：

橙色预警：6小时内可能出现冰雹伴随雷电天气，并可能造成雹灾。

红色预警：2小时内出现冰雹伴随雷电天气的可能性极大，并可能造成重大雹灾。

（4）暴雪：

蓝色预警：12小时内降雪量将超过4毫米，或者已达4毫米以上，且降雪持续，可能对交通及农牧业有影响。

黄色预警：12小时内降雪量将达6毫米以上，或已达6毫米以上，且降雪持续，可能对交通及农牧业有影响。

橙色预警：6小时内降雪量将达10毫米以上，或者已达10毫米以上，且降雪持续，可能或已经对交通及农牧业有较大影响。

红色预警：6小时内降雪量将达15毫米以上，或者已达15毫米以上，且降雪持续，可能或已经对交通及农牧业有较大影响。

（5）大风：

蓝色预警：24小时内可能受大风影响，平均风力可达6级以上，或阵风7级以上；或已受大风影响，平均风力为6～7级，或阵风7～8级，并可能持续。

黄色预警：12小时内可能受大风影响，平均风力可达8级以上，或阵风9级以上；或已经受大风影响，平均风力为8～9级，或阵风9～10级，并可能持续。

橙色预警：6小时内可能受大风影响，平均风力可达10级以上，或阵风11级以上；或已经受大风影响，平均风力为10～11级，或阵风11～12级，并可能持续。

红色预警：6小时内可能受大风影响，平均风力可达12级以上，或阵风13级以上；或已经受大风影响，平均风力超过12级，或阵风13级以上，并可能持续。

（6）暴雨：

蓝色预警：12小时内降雨量将达50毫米以上，或者已达50毫米以上且降雨可能持续。

黄色预警：6小时内降雨量将达50毫米以上，或者已达50毫米以上且降雨可能持续。

橙色预警：3小时内降雨量将达50毫米以上，或者已达50毫米以上且降雨可能持续。

红色预警：3小时内降雨量将达100毫米以上，或者已达100毫米以上且降雨可能持续。

（7）干旱：

橙色预警：预计未来一周综合气象干旱指数达到重旱（气象干旱为25～50年一遇），或某一县（区）有40%以上的农作物受旱。

红色预警：预计未来一周综合气象干旱指数达到特旱（气象干旱为50多年一遇），或某一县（区）有60%以上的农作物受旱。

3.防御自然灾害的工程设施建设

（1）抗旱设施：

人工降雨设备：根据不同性质的云，采用不同的催化剂，借助火箭、炮弹、飞机、气球等运载工具，将干冰、碘化银、碘化铅、硫化铜、等人工晶核撒到云中，促使过冷却水的冻结或使水汽凝华成冰晶，造成冰水共存，形成降雨。

截蓄雨水设施：农业集水系统适于年降水量50～300

毫米的干旱和半干旱地区使用。可因地制宜地修水库，筑塘坝，建蓄水池，挖蓄水窖，打旱井等。梯田里边修竹节沟。

（2）防雹设施：在雹灾频发的地区，果园架设防雹网防雹效果较好，每亩投入1 000元左右。另外，还可安装人工消雹设施。

（3）防鸟设施：

防鸟网：每亩投资600元左右，网眼比防雹网大，由尼龙网制成。

声音驱鸟设施：将鞭炮声、鹰叫声、敲打声以及鸟的惊叫、悲哀、恐惧和鸟类天敌的愤怒声等，用录音机录下来，在果园内不定时地大音量播放，以随时驱赶果园中的散鸟。

反光驱鸟装置：把水银玻璃镜做成三角形锥体，上面系一长线，挂在树上或高杆上，玻璃镜随风转动，将阳光反射到四面八方，鸟会被驱散。

（4）霜灾防御：渤海湾和西北高原苹果优势区常有晚霜危害，必须有防霜设施。有条件的果园可在果园上部安装喷灌或喷雾设施，以备霜冻来临前，对果树进行喷灌或喷雾，可有效防止霜冻。在霜冻来临时，用功率强大的吹风机或电扇搅动空气，也可减轻霜冻危害。有霜冻时直升机在果园上空来回飞翔，防霜效果更好。果园放置加热器，每亩放10~15个，每个加热器每小时燃烧1升柴油，可使果园气温提高4℃，可预防一般霜冻。

果园内设置发烟堆，每亩7~10个烟堆，霜冻前点燃发烟物。发烟物配方是：硝酸铵20%~30%，锯末50%~60%，废柴油10%，细煤粉10%。或作物秸秆、杂草、落叶等。熏烟法只能在最低气温不低于-2℃时使用，因为此法只能提高果园气温1℃左右。

（5）防护林带建设：果园四周要营造防风固沙林，背风面防护范围为林带高度的20~25倍，迎风面则为林带高度的5倍。通过林带后，风速降低19%~56%。防风固沙林的主林带由4~8行树组成；在区间路旁栽1~2行乔木，与主林带平行或垂直，称副林带。为防止大风侵袭，在沿海或风大地区要设防风障，做法是在果园迎风面，隔一定距离埋一立柱，然后挂上尼龙网帐，防风效果好。

在坡地果园上部和四周（沟边、路旁、地堰等处）分别栽树，实行乔、灌分行间植并适度密植，主林带间距200~300米，副林带间距300~800米。果树与林带要有一定距离，南面距林带20~30米，北面距林带10~15米。林带内乔木树种行距2.0~2.5米，株距1.0~1.5米。灌木树种行距1~2米，株距1米。在林带与道路交叉处，应空出10~20米出口，以便通行和观察车辆出入，避免发生交通事故。果树防护林建设应在建园前2~3年完成，最迟也应在果树定植的当年建成。乔木树种可选杨树、桦树、白蜡、水杉、香椿、苦楝等，灌木可用紫穗槐、玫瑰、枸杞和毛樱桃。

一般矮砧苹果树抗风力差，生产中要求立支架栽培。具体做法是：在采用纺锤形整枝条件下，只在植株旁埋设1个支柱，高度应为设计树高。随树冠升高，在不同高度将中央领导干绑缚到支柱上。在采用扇形或扁平树形整枝时，需设篱架。首先隔一定距离设立支柱（水泥柱、石柱、钢管均可），支柱高2.5～3.0米。然后，从地面起，每50厘米拉一道横铁丝，随树冠上升，逐年加拉铁丝，直至树冠设计高度。将各骨干枝水平绑缚到铁丝上。也有用V形架和Y形架者，树冠整齐一致，园相整齐，防风效果好。

（三）自然灾害防控与灾后补救

1. 霜冻灾害

（1）防控技术：

①延迟苹果树发芽，躲避霜冻。早春树干涂白或喷白：早春对树干、骨干枝进行涂白，涂白剂的配方是：生石灰10份、食盐1～2份、水35～40份，再加1～2份生豆汁，以增加黏着力。也可以用10～20倍液的石灰水喷布树冠，以反射光照、减少树体对热能的吸收，降低冠层与枝芽的温度，这样做可推迟开花3～5天。

春季灌水或喷水：果树发芽后至开花前灌水或喷水1～2次，可显著降低果园地温，推迟花期2～3天。

②改善果园小气候。加热法：加热防霜是现代防霜较先进而有效的方法。在果园内每隔一定距离放置一加热器，在将发生霜冻前点火加温，使下层空气变暖而上升，上层原来温度较高的空气下降，在果树周围形成一暖气层，一般可提高温度1～2℃。

熏烟法：根据天气预报，在果园内气温接近0℃时，在迎风面每亩堆放10个烟堆熏烟，可提高气温1～2℃。近年来，采用硝酸铵、锯末、柴油混合制成的烟雾剂代替烟堆熏烟，使用方便，烟量大，防霜效果好。也可用自制烟雾弹防霜，选30%硝酸铵、30%沥青和40%锯末为原料，先将锯末和硝铵晒干、压碎、过筛，然后将三种材料混合拌匀，包成筒状药管，中间插上药捻或导火线即成。来霜之前放置在地里，数量可根据地块大小而定，在晚霜来临前1小时左右点燃，可放出大量浓烟。

树盘覆草：早春用杂草覆盖树盘，厚度为20～30厘米，可使树盘升温缓慢，限制根系的早期活动，从而延迟开花。如能够结合灌水，效果更好。

其他措施：据国外报道，在果园上空使用大功率鼓风机搅动空气，可吹散凝集的冷空气，有预防霜冻的效果。

③喷营养液或化学药剂防霜。喷防霜剂：研究表明，果树上的很多冰核是由冰核细菌产生的，它们能提高植物体内水分的冷却点，从而使作物在0℃以下低温时发生霜冻。因此，除去已存在的冰核，杀死产生冰核的细菌，就

能够降低果树体内水分结冰的温度，从而减轻或避免霜冻的危害。

喷果树防冻剂：在冻害发生前1～2天，喷果树防冻液加PBO液各50～100倍液，防冻效果极佳。也可喷自制防冻液，用琼脂8份、甘油3份、葡萄糖43份、蔗糖45份、其他营养素（包括肥料、植物激素等）2份，清水5 000～10 000份。先将琼脂用少量水浸泡2小时，然后加热溶解，再将其余成分加入，混合均匀后即可使用。

喷可杀得：在霜冻前一天喷布400倍可杀得液，也能防止果树霜冻，效果不错。

喷营养液：强冷空气来临前，对果园喷布芸苔素481、天达2116，可以有效地缓和果园温度剧降或调节细胞膜透性，能较好地预防霜冻。

（2）灾后应急工作：霜冻过后，迅速组织对产区果园树体生长与结果状况进行全面检查，针对实际受灾情况提出具体应对方案。全面评估霜冻对果树的幼果、新梢、幼叶、花器官等所产生的影响、灾害程度，并实施积极应对措施，尽可能将灾害损失降至最小。

（3）灾后补救措施：

①保花保果，促进坐果。霜冻发生后及时对树冠喷水，可有效降低地温和树温，从而有效缓解霜冻的危害。

实行人工辅助授粉，促进坐果。如果花未开完，可立即进行人工授粉，即从适宜的授粉树上采花制粉，然后用人工点授法对花序中留下的每个花朵逐一授粉，且最好在整个花期中重复进行2~3次，并喷施0.3%硼砂+1%蔗糖液，以提高坐果率。

花期受冻后，在花托未受害的情况下，喷布天达2116或芸苔素481等，可提高坐果率，能弥补一定产量损失。

②加强土肥水综合管理，促进果实发育。霜冻发生后及时灌水，以利于根系对水分吸收，从而达到养根壮树的目的，使树体尽快恢复生长。及时施用复合肥、硅钙镁钾肥、土壤调理肥、腐殖酸肥等，促进果实发育，增加单果重，挽回产量损失。加强土壤管理，促进根系和果实生长发育，以减轻灾害损失。

③加强病虫害综合防控。果树遭受晚霜冻害后，树体衰弱，抵抗力差，易感染枝干病害，尤其是粗皮病、干腐病和腐烂病。要及时喷多抗霉素、甲基托布津、大生M-45等药剂防控，尽量减少经济损失。

2. 冰雹灾害

(1) 防控技术：

①区划种植、避雹建园。冰雹形成于具备一定气象条件的积雨云中。由于可形成冰雹的积雨云区比较狭窄，并常沿山脉、河谷移动，故降雹地区往往呈狭小的带状分布，一般宽度几千米或更窄，长可达几千米至几十千米，甚至更长，因此具有明显路径，即"雹打一条线"。促使冰雹

形成的冷锋以来自我国北、西北方向的最多，冰雹路径与其一致。冰雹的发生还与地形地貌有关。一般表现为山区多、平原少，秃山多、林地少，迎风坡多、背风坡少，内陆多、沿海少。果树属多年生植物，具有相对长期的固定生长地点，各地在发展果树生产时，应在对冰雹发生特点、当地地形地貌和冰雹路径充分了解的基础上进行区划，尽力避开易雹地带，易雹区应减少中熟品种的比例，以早熟、晚熟品种为主，避开降雹高峰期。

②加强雹情预报。雹灾具有偶发性，因而进行预防有一定难度。冰雹的形成又有明显气象特点，所以进行预防又是可能的。要有效地防雹减灾，必须注意降雹预报，注意降雹发生征兆的研究。应积极创造条件采用现代仪器设备识别冰雹云，提高降雹预报的及时性和准确率。雹灾对果实的危害是果实越大危害越重。因此，在果实膨大后应特别注意预报，以便及时采取防雹减灾措施。

③人工防雹。爆炸法：我国雹区各地普遍推广了空炸炮和土迫击炮，可发射至300～1 000米高度，也有些地区制造了各种类型的火箭，使用高射炮发射到几千米高空。爆炸时产生的冲击波能影响冰雹云的气流，使冰雹云改变移动方向，也使过冷的水滴冻结，从而抑制冰粒增长，使小冰雹融化为雨。

化学催化法：利用火箭或高射炮把带有催化剂（碘化银）的弹头射入冰雹云的过冷却区，药物的微粒起了冰核作用。过多的冰核分食过冷水而不让雹粒长大或拖延冰雹的增长时间。

④果实套袋。果实套袋是优质果品生产的一项重要措施，也是减轻雹灾损失的有效方法。据调查，在雹灾严重到好果率为零的情况下，套袋与不套袋相比，残果率低9.9个百分点，仍有5%好果，明显地减轻了损失。在易发生雹灾的地区，疏果定果时更应留有余地，修剪时也要适当多保留些枝叶。适度增加枝叶密度，可相对减轻雹灾。

⑤使用防雹网。防雹网是在果园上方和周边架设专用的尼龙网或铅丝网，阻挡冰雹冲击，从而起到保护果树的作用。防雹网的架材主要有钢管、铁丝及扎丝、水泥、沙子、网材等。根据果园地形选平面式搭架，架高4米，管距15～20米，且45°下地牛（拉斜线牵引），管底焊十字架，并用混凝土固定，管与管之间用8#铁丝连接并用紧线钳拉紧，再用10#铁丝拉网。根据搭架情况，在地面将网子联结成整块，网边缘缝在竹竿上，上网后用扎丝固定在铁网上。

（2）灾后应急工作：雹灾过后，迅速组织对产区果园树体健康状况的全面检查，针对实际受灾情况提出具体应对方案。全面评估雹灾对果树组织、器官所产生的各方面影响、灾害程度，并实施积极应对措施，尽可能将灾害损失降至最小。

（3）灾后补救措施：

①果园管理。清理果园，减少病原：雹灾发生后及时清理果园内沉积的冰雹、残枝落叶及落果等，并清洗果树枝干、叶片上的淤泥；对于雹灾过后有淤泥积水的果园，应及时排出积水，清除淤泥，露出果树枝干，否则，泥水淤积时间长，果树根系得不到氧气。此外，应喷2～3次杀菌剂，每隔10～15天喷一次，以减少病原，预防病菌侵入。施用的药剂有菌毒清300倍液、杀菌王500倍液、菌必清600倍液、25%多菌灵600倍液。

疏松土壤，养根壮树：雹灾发生后应连续翻刨土2～3次，以散发土壤中过多的水分，改善土壤通透性，还可恢复和促进根系的生理活动，从而达到养根壮树的目的。

追肥补养，恢复树势：由于枝叶受伤甚至被打落，果树得不到合成的有机养分而停止生长，造成树势衰弱。因此，应及时给树体追肥，首先是叶面喷肥，每隔10天喷一次0.3%磷酸二氢钾溶液，连喷2～3次，可及时解决树体营养不足问题。其次是地下追施氮磷钾复合肥，每株0.5～1.0千克。在果树恢复生机后，为保证树体营养、果实成熟和安全越冬，要注意施肥管理，施肥以农家肥为主，并配合适量化肥。干旱时，结合施肥进行灌水。

②树体管理。伤口保护：果树主干、主枝和一些较大侧枝的皮层被冰雹打伤后，应及时剪除翘起的烂皮，涂抹843康复剂或治腐灵等，提高伤口的愈合能力。一些较大

的主枝，雹伤面积在1厘米^{2}以上的疤痕，在涂抹药剂的同时，用塑料袋包扎伤口，以加速伤口愈合。

整形修剪：雹灾过后，应及时剪除折断的枝条，对于雹伤密度大、破皮重、无法恢复的枝条要从基部或完好处剪掉，多留雹伤轻的发育枝或枝组。尽量做到剪口少而小，避免造成大伤口。剪过后剪口要涂封油脂，防止干腐病发生。由于树体伤口较多，伤口下的叶芽会迅速萌发。应根据树形需要适当保留新萌发的枝条，以补断枝的空缺，其他扰乱树形的萌条和树基部的萌条全部疏除。冬季修剪尽量早，以减少蒸发和养分消耗。若不能辨认枝条的死活，也可延迟到春季再修剪，以免误剪。修剪宜轻，多留枝，以丰满树冠，恢复树势。

树体保护：对新建的1~2年生果园，受害较轻者，在清淤的同时，及时将倒树扶正并培土。对受污严重的枝干用清水冲刷，并涂白，以防日灼和病害侵染。对受害严重者，进行低接换头更新品种。对结果树及时扶正，绑扶风折枝，剪除劈裂枝，摘除受伤的叶、果深埋或烧毁。对枝干上的伤口仔细检查，认真消毒和包扎，促其愈合。

③花果管理。疏果：灾后及时疏除雹伤严重的残次果，以节省养分，尽快恢复树势。

套袋：因梢叶被打断打落，一部分果实直接裸露于烈日下，果实极易发生日灼，应进行套袋，以提高果实品质，减少灾年损失。

④加强病害防控。灾后树势较弱，抗病能力降低，灾后要特别注意喷药保护。要加强病虫的测报工作，做到适时防治。一般用药期和用药种类如下：萌芽前喷布5波美度石硫合剂或5%柴油乳剂，花后喷70%甲基托布津1 000倍液加20%杀灭菊酯2 000～5 000倍液；套袋前喷50%多菌灵800倍液加25%双甲脒1 200～1 500倍液；套袋后交替喷洒石灰多量式（1∶3）240～260倍液波尔多液、50%退菌特400～500倍液加20环丰收菊酯2 000～2 500倍液、70%甲基托布津800～1 000倍液等。

3.寒潮

（1）防控技术：

①适地适栽，利用避冻区划。选择气候较优越的地区，尤其是在避免发生寒害的地区种植苹果，种植区划中的这一部分称之为"避冻区划"。

中国的苹果种植区划，是根据周远明等提出的中国苹果经济栽培北限的划分原则确定的，是以中国苹果寒害（尤其是冻害）发生规律为主要依据而划定的。把不容易发生冻害的地区，即冬季低于－20℃的日数少于24天的保证率大于80%的地区作为经济栽植区（含适栽区和次适栽区）。该区北部则是冻害较严重或冻害频繁的不适宜种植区。上述北限位置是东起丹东北，经鞍山北、沈阳南、黑山、阜新、朝阳、承德北、张家口、大同、榆林北、乌审旗南、磴口、河西走廊北侧、哈密北、吐鲁番,西至伊宁北。苹果栽培适宜区的生态条件是:年均气温8.5～12.5℃,年降水量450～850毫米(灌区除外),夏季平均相对湿度60%～85%,夏季平均最低气温13～22℃。

②充分利用局地气候条件。在生产实践中,充分利用局地气候和农田小气候,是防御寒潮灾害的重要技术。

地形气候:主要包括海拔、地形地势、坡向地貌和逆温层的利用。一是利用山体直接阻挡冷空气侵入;二是利用地形特点使强烈的冷空气不容易在果园聚积、滞留,提高果园中的气温,如利用东、西、南三面开阔地形选择果园位置,利用逆温层原理选择山坡中部建园;三是利用热扩散原理,选择温差小的地形。

水域气候:一是海岸气候,在靠近海岸的地方,受海洋影响,有比较明显的海洋性气候特点,有利于苹果的越冬;二是岛屿气候,四面环水的岛屿受水面的影响极大,在严寒的冬季,岛屿的气温较邻近的陆地明显增高,并且气温变化小,可明显减轻寒害;三是湖泊气候,湖泊是面积较大的水域,对小气候的影响较大,尤其在冬季寒潮侵袭期间,有明显的增温效应,可使骤变的气温缓和,对防御寒潮、冻害有重要作用;四是水库气候,水库是水体面积较小的水域,在冬季有较好的防冻作用;五是河流气候,大的河流是流动性大的水体或水域,在冬季有明显的增温和缓和气温骤变的作用,对防御寒害有明显的效果。

③加强果园管理。加强田间管理，改进栽培技术：选用抗寒优良品种和砧木，主要抗寒良种有寒富、龙冠、龙丰、龙红、嫩光、东光1号、新光、新冠、新苹1号、新苹4号等，抗寒砧木有山定子、海棠果、八棱海棠。以增施磷钾肥为中心，提高越冬前树体营养水平：多采用夏季（6月底前）追肥、叶面喷肥、秋季（9～11月）施基肥的方式增加磷、钾素营养。夏季追肥应占全年施肥量的1/3左右，以亩产2 000千克苹果计算，全年每亩应施纯磷（按五氧化二磷折算）、纯钾（按氧化钾折算）各30千克，夏季追肥应各为10千克。7～8月间合理施用磷、钾肥是苹果常用的栽培技术，有利于促进枝叶生长和提高树体越冬抗寒性。常用的肥料种类有多元复合肥、果树专用复合肥等。为使树体在越冬前生长充实、健壮，发育正常，必须适当控制秋季的肥水供给，使枝叶在越冬前正常停止生长，进入越冬休眠期。据甘肃报道，对苹果幼树，6月底停止施用氮肥，7月上旬停止灌水，是控制秋季肥水的成功经验。合理修剪，应用生长抑制剂，抑制后期生长：搞好夏秋修剪，控制后期生长，秋末适时适量的摘心和合理修剪（拉枝开角、捋枝、别枝等），以控制秋季后期生长，使当年新梢生长充实，是提高抗寒力的有效措施。苹果幼树通常在9月上旬前后进行秋季摘心，以摘除当年秋梢顶端3～5片叶为适度。常用的生长抑制剂有矮壮素、萘乙酸等。苹果多在7月下旬至9月上旬喷0.5%～1.5%矮壮素3次，间隔

15天左右，有利于安全越冬。提前修剪和人工落叶：把冬季修剪提前到刚进入休眠期的12月中下旬，疏除部分徒长枝、过密枝、嫩枝，可减少冬末春初树体蒸腾量，对防御抽条有效。也可采用人工辅助落叶的措施（一般在10月下旬至11月上旬进行），使树体提早进入休眠期，有利于越冬。及时防治各种病虫害，保证枝叶生长发育正常，生长健壮，是防寒的重要措施。

营造果园防风林带：苹果园的防风林带要注意方向、带长、带宽和树种搭配。林带走向以防御冬季盛行的偏北风和西北风为主要目的，为此防风林应以东西向或东北、西南走向为主，即应与当地冬季盛行风向成垂直角度。一般带长200～300米及带宽10～12米为宜。栽植树包括4～5行主栽树种和2行搭配树种或2～3行灌木，主栽树种多用高大的杨树（加拿大杨或美国白杨），搭配树种多用较矮小的小叶杨、毛白杨、洋槐、皂角、枫杨等，灌木树种多用常绿树种的女贞、冬青、枳、侧柏等。主栽树种株行距均为2米，搭配树种行距2米，株距可稍密，灌木树的株行距更密。整个林带由主栽、搭配树和灌木树种形成高、中、矮三种高度。

合理密植：合理密植是通过改变树体群体结构的方式减缓果园内的风速，以稳定果园温湿度、避免或减轻果园温度骤变造成的寒害。苹果乔砧品种适宜密度是每亩

55~110株（行距3~4米，株距2~3米），矮砧品种每亩110~220株。

④保护树体，改善温度和水分条件。树体包扎与覆盖：越冬前，树体枝干涂白或涂抹凡士林油加动物油脂或泥浆，喷羧甲基纤维素、高脂膜和蜡乳液，在树体枝干上缠裹塑料薄膜或用稻草、麦秸等将中干和主枝绑裹保护等。

培土、埋土与根系覆盖：根茎部培土，以20厘米为宜，切勿培土过高；根系培土与覆盖，于11月中下旬在苹果幼树树干北侧培月牙形土埂，高60厘米左右，长120~150厘米，距离树干50~100厘米；在夏秋季树盘覆盖地膜或覆盖麦草、秸秆和杂草等，厚10~20厘米，有利于提高地温，减少水分蒸发，提高树体越冬抗寒能力。

灌水和喷水：灌封冻水的做法，在苹果产区已经广泛应用。寒潮来临前连续喷水，可降低芽温，延迟开花。

应用抑蒸保温剂和生长调节剂：抑蒸保温剂包括羧甲基纤维素、京防1号、长风3号、高脂膜和蜡乳液等，生长调节剂包括乙烯利、萘乙酸、马来酰肼等。

（2）灾后应急工作：寒潮发生过后，应迅速组织对产区果园树体健康状况的全面检查和调研，针对实际受灾情况提出具体应对方案。全面评估寒潮、冻害对果树组织和器官所产生的各方面影响、危害程度，并组织实施积极应对措施，尽可能将灾害损失降至最小。

（3）灾后补救措施：

①树体管理。枝干保护：密切注意气温变化，若气温降至 –20℃ 以下，则可能会对枝干造成伤害，应积极采取枝干保护措施，用废旧棉絮、布条、作物秸秆、草等将主干、主枝包裹，用废旧农膜、编织袋绑缚扎紧，有条件的可加喷薄膜型植物蒸腾抑制剂，可有效防止和减轻苹果幼树越冬抽条。对于枝干受冻后皮层剥离的，应尽快用钉子钉在原处，保持形成层细胞有一定的湿度。皮层已明显冻死的部分可切除，并待春季用桥接法保持养分运输畅通。

芽体保护：对于受害芽体主要采取药剂保护措施，休眠期和萌芽前可喷布防冻剂和保护剂，防止芽体冻害进一步加重；开花前和谢花后喷施天达 2116、云苔素 481 等叶面肥，有利于芽体正常发育。苹果在遭受寒潮侵袭、冻害后，应控制负载量，尽快使树体恢复生长，促进损伤部分愈合。

保护伤口：寒潮造成的伤口，面积较小的，可刮去死皮，用 843 康复剂、强力轮纹净或树康愈合剂等涂抹伤口；面积较大时，可将皮层纵向划几刀，然后用 843 康复剂或强力轮纹净涂抹。一般在锯口、剪口涂抹油漆保护，或涂抹 3~5 波美度石硫合剂。

延迟修剪：遭受寒潮的苹果树一般发芽较晚，应推迟到发芽后修剪。根据受冻程度和恢复情况决定剪截部位，同时要求轻剪，切忌大拉大砍，否则伤疤太多，加重树势衰弱。

②加强土肥水管理。灌水：寒潮、冻害发生后，实施果园灌水 1 ~ 2 次，可以缓解冻害发生程度。

施肥：萌芽前施腐殖酸复合肥，每株 200 ~ 500 克；开花前后各喷一次 500 倍云大 120 加氨基酸螯合肥或叶面宝和惠满丰等；5 月底至 6 月上中旬，结果树株施磷酸二铵 0.5 ~ 0.8 千克，以提高树体营养水平，加快伤口愈合速度，保证花芽分化的正常进行，以减少冻害影响。10 月施基肥，同时施入总施肥量 5% 的速效氮、磷肥。

土壤管理：有条件的果园采用生草和覆盖的土壤管理模式，改良土壤结构，提高土壤肥力，改善果园生态环境。

③加强病害防控。苹果树遭受寒潮、冻害后常诱发多种枝干病害，如腐烂病、干腐病、轮纹病等，应及时加强防治。对于腐烂病，首先及时检查、刮治病疤，刮后用治腐灵或农抗 120 或菌毒清涂抹伤口。对腐烂病疤，于春秋两季涂抹防治腐烂病的相关药剂（3% 甲基硫菌灵、果康宝、金力士、腐烂立克、施纳宁等）；萌芽后，要检查缩剪冻死枝条，严防冻害后苹果腐烂病暴发和流行。个别果园容易发生早期落叶病和锈病，建议结合果实套袋前的病虫防治，使用如下药剂防治：杜邦易保 1 500 倍液加康庄灭幼脲 1 200 ~ 1 500 倍液加艾孚氨基酸钙 500 ~ 600 倍液；杜邦福星 8 000 ~ 10 000 倍液加蛾螨灵 1 500 ~ 2 000 倍液加

济农腐殖酸有机液肥 500~800 倍液；世高 2 000~3 000 倍液加康庄灭幼脲 1 500 倍液加杨康生态液肥 500 倍液；10% 多抗霉素 1 000 倍液加甲氰菊酯 3 000 倍液加 CA 2000 钙宝 500 倍液。

4. 冻害

（1）防控技术：

①选择适宜的园地。新发展的果园，尽可能选择背风向阳的地方，避免在地形低凹或阴坡建园。因为这种地方秋季降温早，春季升温缓，冬季夜间停积冷空气，积温较低。

②选用抗寒砧木和优良品种。根据本地土壤、气候特点，宜选用在当地试栽成功且表现较为优良的品种和砧木。

③营造果园防护林。果园防护林能提高园内温度 2~5℃，能很好地防止果树发生的冻害。果园防护林宜采用乔灌结合的紧密林带，这样防护效果好。

④加强树体管理。增强树势，使枝梢生长充实，提高树体的抗冻能力。对弱树要加强生长前期的肥水供应，增施氮肥，加强中耕松土，充分满足树体对水分、养分的需要，促进生长发育；对生长过旺的树，及时采取连续摘心或扭梢、拉枝等措施控制旺长，促进枝条成熟老化，增加树体营养积累。冬剪回缩、疏除大枝时，可在剪锯口涂抹

凡士林等保护剂，以防剪口因气温过低而受冻。

⑤加强肥水管理。果园覆草可增温保湿，抑制杂草生长，增加土壤有机质含量。覆草前深翻土壤，施足基肥，浇水后用杂草覆盖，厚度20厘米左右，上盖少许土，能大大降低苹果树的冻害程度。

早施和深施基肥以提高肥料的利用率，有利于土壤增温及贮藏营养。在7～8月，叶面喷施磷、钾肥，生长后期（8～10月）停止灌水，适当减少植物组织所含水分，少施氮肥，注意增施磷、钾肥和农家肥，提高树体营养贮藏，增强树体的抗寒力，以利安全越冬。

⑥及时防控病虫害。生长季及时做好病虫害防治工作，尤其是生长后期要注意对大青叶蝉和早期落叶病的防治。对于机械损伤或病虫危害及修剪等造成的伤口要及时进行封蜡或包扎，以减少树体失水和病虫侵入。保护好枝干和叶片，确保秋季果树叶片的完整，以提高光合效能，积累营养物质，促进枝条成熟，顺利通过锻炼，提高越冬性。

⑦灌水和喷水。因水热容量大，对气温变化有良好的调节作用，灌水后土壤含水量增高，接近地面的空气就不会骤冷结冻，灌水可增温2～3℃。在封冻前，土壤"夜冻昼化"时，对苹果树饱灌冬水，既可做到冬水春用，防止春旱，促进果树生长发育，又使寒冬期间地温保持相对稳定，从而减轻冻害。花芽萌动前树体均匀喷施1%的生理

盐水，提高树体自身的抗冻能力，可预防花期霜冻。

⑧培土与覆盖。对1~3年生的幼树，在结冻前于树体根茎部周围培土，厚度20~30厘米，待来年早春气温回升后，及时把土扒开；亦可在霜降前于树盘下覆盖1米²的地膜，然后在地膜上加盖15~20厘米的草，可明显提高幼树的越冬性。对成龄树，用杂草、树叶、厩肥等物于冻害来临前覆盖在树盘内，厚10~15厘米，既可提高地温3~5℃，又可增加土壤养分及保墒。

⑨树干涂白。果实采收后，用涂白剂将果树树干和主枝均匀涂白，使树体温度变化稳定，不会有冻融的情况，既防冻和日灼，又能杀死隐藏在树干中的病菌、虫卵和成虫。涂液要干稀适中，以涂刷时不流为宜。涂白液的配制比例是生石灰5千克、硫磺粉1~5千克、食盐2~3千克、植物油1.0~1.5千克、面粉2~3千克、水15千克。先将石灰、食盐分别用热水化开，搅拌成糊，然后再加硫磺粉、植物油和面粉，最后加水搅匀。越冬前将主干及大侧枝涂刷一遍，具有较好的防冻作用。

⑩树体包扎。越冬前，用稻草、麦秸等做成草把将果树主枝和大侧枝缠紧，第2年果树萌芽前将草把取下集中烧毁，既使树体安全越冬，又能诱到大量潜入草把越冬的害虫。也可用塑料薄膜将树体主枝和侧枝缠绕，并覆膜于树盘下，以提高地温，减少水分蒸发，提高树体越冬抗寒能力。

⑪药剂防冻。为减少树体水分蒸发和封闭皮孔及伤口，可在入冬前涂抹或喷施防冻剂和保护剂5~10倍液，喷施10~20倍液，能增强抗冻能力。在苹果树开花前2~3天，喷施植物抗寒剂，或在果树萌芽前喷施低浓度的乙烯利或萘乙酸、青鲜素水溶剂，抑制花芽萌动，提高抗寒能力。对于正在开花的树于低温来临前喷0.3%的磷酸二氢钾加0.5%的白砂糖，连喷2~3次，可起到防冻作用。

⑫熏烟。熏烟是冻害来临前短时期内的应急措施，一般可使气温提高3~4℃，能减少地面辐射热的散发，同时烟微粒可吸收空气中的湿气。冬季冷空气容易聚集的地势低洼果园，该法效果尤好。做法是，低温寒潮来临前的傍晚，以碎柴禾、碎杂草、锯末、糠壳等为燃料，堆放后上压薄土层。气温下降到果树受冻的临界温度时点燃，以暗火浓烟为宜，并控制浓烟使烟雾覆盖在果园内的空间，一般每亩果树可设4~5个烟堆，每堆用料15~20千克，并将其设在上风口。

（2）灾后应急工作：冻害发生后，应迅速组织对产区果园树体健康状况的全面检查，及时收集上报灾情，并针对实际受灾情况提出具体应对方案。全面评估冻害对果树组织、器官所产生的各方面影响、灾害程度、经济损失及社会影响，并积极组织实施应对技术措施，尽可能将灾害损失降至最小。

灾后补救措施同寒潮灾害。

5. 干旱灾害

(1)防控技术:

①健全旱灾监测、预警系统及服务体系。各地农业科技部门、气象部门等应摸清当地干旱灾害发生的规律,建立干旱灾害实时监测、预警系统,减轻干旱灾害的影响和损失。开展干旱监测、预警和评估业务,应在干旱发生之前进行预测、预警;在干旱发生过程中,不断实时监测干旱的程度、发展态势以及对果树产业的影响,及时向有关部门提供干旱可能发生的区域、时间和危害程度,以及防旱减灾的对策,为防灾减灾服务。

②加强水利基础设施建设。因地制宜地修建各类水利设施,治理河道,及时拦蓄雨水,完备灌水系统,是防止干旱的根本措施。各地应加大水利建设投资,兴修水利设施,改善农田生态环境,努力做到遇旱能灌,遇涝能排。 有条件的地方应积极推行滴灌、喷灌、微喷等工程节水灌溉方法。

③预防干旱灾害的农艺技术。增施有机肥,改土保墒,养根壮树:果园施用的有机肥,如圈肥、堆肥、鸡粪、人粪尿、各种饼肥、草肥和绿肥等,含有大量的有机质,施入土壤以后经微生物分解和物理化学变化形成腐殖质,可把细微的土粒黏结在一起,形成水稳性团粒结构,使黏性土变得疏松易耕,沙性土变成有结构的土壤。土壤结构

改善以后,土壤的透水性和保水、保肥性增强,从而提高保肥、保水的能力,为苹果根系生长创造良好的生态环境条件,结合疏花疏果、合理修剪、保护叶片等综合技术措施,达到养根壮树的目的,提高树体的抗旱能力。

起垄栽培技术:果园起垄栽培可增加土层厚度,增加土壤通透性,扩大根系活动范围,有利于提高果树地下新根的数量和比例。在山旱薄地果园,树下起垄具有提高土壤保墒功能、稳定果树根际土壤微域环境、保护根系生长、提高抗旱能力的作用。

果园覆盖技术:果园覆盖包括薄膜覆盖和覆草,薄膜覆盖时可顺行覆盖或只在树盘下覆盖。树下覆膜能减少水分蒸发,提高根际土壤含水量;果园地面覆盖用杂草、树叶、作物秸秆和碎柴草均可。春季覆干草,夏季压青草。土层薄的果园可采用挖沟埋草与盖草相结合的方法。果园覆草可有效减少地表水分蒸发量,增加地表湿度。

穴贮肥水地膜覆盖技术:穴贮肥水是山岭薄地果园高效节水抗旱栽培技术,一般可节肥30%,节水70%~90%。具体方法如下:将作物秸秆或杂草捆成直径15~25厘米、长30~35厘米的草把,放在水中或5%~10%的尿液中浸透。在树冠投影边缘向内50~70厘米处挖深40厘米、直径比草把稍大的贮养穴,冠径3.5~4.0米的树挖4个穴,冠径6米的树挖6~8个穴。将草把立于穴中央,周围用混加有机肥的土填埋踩实(每穴5千克土杂肥,混加150克过磷酸钙、50~100克尿素或复合肥），然后整理树盘使营养穴低于地面1~2厘米，形成盘子状，浇水3~5千克/穴即可覆膜；将旧农膜裁开拉平，盖在树盘上，并一定要把营养穴盖在膜下，四周及中间用土压实，每穴覆盖地膜1.5~2.0米²，地膜边缘用土压严，中央正对草把上端穿一小孔，用石块或土堵住，以便将来追肥浇水。一般在花后（5月上中旬）、新梢停止生长期（6月中旬）和采果后3个时期，每穴追肥50~100克尿素或复合肥，将肥料放于草把顶端，随即浇水3.5千克左右；进入雨季，即可将地膜撤除，使穴内贮存雨水。一般贮养穴可维持2~3年，草把应每年换一次，发现地膜损坏后应及时更换，再次设置贮养穴时改换位置。

叶面喷肥：高温干旱季节，叶面可连续喷施400~500倍液的尿素和磷酸二氢钾，800~1 000倍液的氨基酸复合微肥，有利于降温，补充水分和养分，提高叶片功能。对于山坡、丘陵及无灌溉条件的旱地果园，6~8月气温高时连续喷施1~3次5%~6%草木灰浸出液（草木灰5~6千克，加清水100千克，充分搅拌后浸泡14~16小时，过滤除渣），能使树体含钾量增加，增强果树抗旱、抗高温能力。

（2）灾后应急工作：干旱灾害发生后，应迅速组织对产区果园树体健康状况的全面检查，及时收集上报灾情，并针对实际受灾情况提出具体应对方案。全面评估干旱灾害对果树组织、器官所产生的各方面影响、灾害程度、经济损失及社会影响，并积极组织实施应对技术措施，尽可能将灾害损失降至最小。

（3）灾后补救措施：

①土壤管理。中耕松土、果园覆盖（膜、草）：中耕松土是将地表锄松，将土壤毛细管切断，减少水分蒸发，起到蓄水保墒作用；另外，中耕可消除土壤板结，改善土壤的理化性状，增加土壤的透气性，促进根系旺盛生长。

土壤抗旱剂的应用：把沥青乳剂、环氧乙烷和高碳醇制剂、合成脂肪酸残渣制剂等土壤表面保墒增湿剂制成乳状液，喷洒到土壤表面，形成一层覆盖膜，能阻碍土壤水分的蒸发，又不影响降水渗到土壤中去，有利于果树迅速有效地利用降水。同时，还可将保水吸水剂和淀粉、聚丙烯酸盐氨基聚合体、羧甲基酸纤维素交联体、变性聚乙烯醇和交联聚丙烯酸盐等高分子化合物颗粒剂，直接撒施到土壤中。这种高分子化合物颗粒剂由于分子结构交联，分子网格所吸的水不能被简单物理方法挤出，故具有很强的保水性，好似微型水库，可反复吸放水分，缓释水分绝大部分能被植物根部利用。

其他包括增施有机肥、果园覆盖、起垄栽培等。

②树体管理。合理整形修剪：干旱胁迫条件下的苹果树修剪，主要是通过疏枝、疏果，减少枝叶量和结果量，从而减少果树蒸腾失水的有效面积，降低蒸腾失水量，达

到节水、抗旱的效果。一是短截修剪，对主枝外围延长枝进行中短截，暂时抑制营养生长。二是疏枝修剪，疏除树冠外围竞争枝、背上徒长枝、内膛密生枝和弱营养枝。三是压缩修剪，压缩抚养枝、层间过渡枝、大型结果枝组和冗长枝组。

喷施蒸腾抑制剂：植物蒸腾抑制剂是指作用于植物叶表面，能够降低植物蒸腾作用，减少水分散失的一类化学物质的总称。目前生产上已经应用的蒸腾抑制剂有黄腐酸（抗旱剂1号）、甲草胺（拉索）乳胶、丁二烯丙烯酸、高岭土和TCP植物蒸腾抑制剂等。此外，果树叶片喷施0.05% ~ 0.10%阿司匹林水溶液，连续喷施2 ~ 3次，或在土壤浇灌时加入0.01%阿司匹林水溶液，对于减少因干旱而引起的落花落果有良好作用。

植物营养液应用：植物营养液是一种多元复合肥料，是在特定介质条件下，经多次物理化学反应、络合过程，激发和保持了各元素的化学活性，最终达到饱和状态，使其进入树体后，能迅速被植物吸收并高效利用，从而克服了有些元素易被土壤固定或因相互拮抗而难以被根系吸收的缺点，达到了调节树体生理机能、促进新陈代谢、提高植株对各种逆境抵抗能力的目的。高温干旱季节，叶面可连续喷施400 ~ 500倍液的尿素、磷酸二氢钾，800 ~ 1 000倍液的氨基酸复合微肥双效肥料等高效叶面肥，有利于降温，补充水分和养分，提高叶片功能。另外，对于山坡、丘陵及无灌溉条件的旱地果园，6～8月气温高时连续喷施1～3次5%～6%草木灰浸出液（草木灰5～6千克，加清水100千克，充分搅拌后浸泡14～16小时，过滤除渣），能使树体含钾量增加，增加果树抗旱、抗高温能力。

③花果管理。提高坐果率，促进果实发育：果园放蜂＋人工辅助授粉；在花期喷布微肥，增加花期营养，可以明显提高坐果率。苹果的生理落果主要是树体的储藏营养不足造成的。因此，在加强土壤施肥的基础上，应在早春补充适量的速效氮肥，如花期和幼果期各喷一次0.3%的尿素，或花期喷两次0.3%的硼砂混加0.3%的尿素；花后喷（50～100）×10^{-6}的细胞分裂素（6–BA），均可以有效提高坐果率，促进果实发育。

严格疏果，合理负荷：干旱胁迫条件下，采用合理的疏花疏果措施，使苹果树体负载合理，可以节省大量水分和养分，提高果品质量，维持树势，保证丰产稳产，防止大小年结果现象的发生。疏果在谢花后10天开始，20天内完成，这样不仅能节省大量营养，促进幼果发育和枝叶生长，提高果品产量和质量，而且有利于花芽分化和形成，达到优质丰产稳产。疏果时，要严格控制留果量，防止过量结果。根据品种、树势和栽培条件，合理确定留果间距和留果量。大型果品种如元帅系、红富士系等每隔20～25厘米留1个果台，每台只留1个中心果，壮树壮枝每20厘米留1个果，弱树弱枝每25厘米留1个果，小型果品种每台可留2个果，其余全部疏掉。疏果时要首先去掉小果、病虫果和畸形果，保留大果、好果。

果实套袋：果实套袋减少果面蒸腾失水，对于保证果品质量安全、减少病虫害、提高果品质量有重要作用。高温干旱条件下果实套袋的特殊措施有：推迟套袋时间，避开初夏高温套袋；避开中午高温时段套袋；套袋前后浇足水，以降低地温，改善果实供水状况；有条件果园，中午12~14时进行喷雾降温；避免套劣质袋和塑膜袋。

④干旱容易引发的主要病虫害防控。在苹果生长发育期异常高温干旱，容易引起红蜘蛛、山楂叶螨和二斑叶螨等害虫和苹果根腐病、干腐病、日烧病等根系、枝干、果实病害的发生。高温干旱还会影响果树根系的吸收能力，并且使土壤中可溶性硼、铁等含量降低，从而导致果树缺硼、缺铁等多种生理病害加重发生。

病虫害综合防控措施：加强土肥水综合管理，养根壮树，提高树体抗病虫能力，减少果实生理病害的发生。秋末春初剪除枯死枝、病僵果，清除落地果，将病叶清除深埋，减少病虫基数。加强树体管理和整形修剪，优化改良树体结构和果园群体结构，改善果园通风透光条件和生态环境。加强病虫害预测、预报，及时进行药剂防控。

果实日烧病及其防控：果实"日烧病"是由温度过高而引起的生理病害，与干旱和高温关系密切。夏季温度过高时，由于水分供应不足，影响蒸腾作用，使树体体温难以调节,造成果实表面局部温度过高而遭到灼伤。防治苹果日烧病的方法:加强肥水管理,合理施肥、灌水,可促进树体健壮生长;叶面喷布磷酸二氢钾及其他光合微肥等,可提高叶片质量,促进有机物的合成、运输和转化,增加套袋果实的抗病性。

6. 暴雪灾害

（1）防控技术:

①适地适栽。从树种看,苹果一般不易遭受暴雪灾害,但特殊情况例外。所以,在发展果树生产时,应注意根据当地温度条件,选择适宜的树种、品种建园,要在适宜区发展,尽量不要在次适宜区种植。

②加强果园管理。树势生长强壮的果树在暴雪侵袭时受害较轻。管理精细、施肥水平高、修剪及时、无病虫害的果树,以及树体内养分积累多,树势强健,抗暴雪灾害能力强。因此,在果树栽培中要始终做到精细管理。在生长后期即控制氮肥用量,控水、摘心,多施磷、钾肥,促使早停长,及时修剪,使树体枝条充分成熟,以提高抗害能力。

③营造防风林带。实践证明,营造防风林带可有效减小风力,缓冲降温速度,其效果随着防护林年龄的增长而增加。有防护林保护的果园产量和质量比无防护林高出不少。

④设防寒屏障和架设暖棚。可在果园或苗圃的迎风面设立防寒屏障，以阻挡寒冷气流的侵袭。有条件的可架设暖棚，支架北低南高，向阳面挂草帘，昼除夜覆，必要时应整天遮盖。

⑤根际培土、树干包扎及树盘覆盖。冬季在树干基部培土，能减少土壤水分蒸发，提高土温，可保护根系和根茎不受害；用稻草包扎树干、覆盖树盘或用薄膜覆盖树盘，可有效减轻或防止暴雪冻害。

⑥喷布抑蒸保温剂。在树冠上喷布石蜡类有机化合物，能有效地在树叶表面形成保护膜，以减少叶片水分蒸发，提高叶内组织生命活力，提高树体自身抗寒防冻能力。

（2）灾后应急工作：暴雪过后，应迅速组织对产区果园树体健康状况和受害情况的全面检查，针对实际受灾情况提出具体应对方案。全面评估暴雪灾害对果树组织、器官所产生的各方面影响、危害程度，并实施积极的应对措施，尽可能将灾害损失降至最小。

（3）灾后补救措施：

①果园管理。清除树上积雪：尽快采取措施清除树枝上、枝杈间的积雪，防止积雪压劈压断树枝，避免昼夜气温剧变和冰雪消融使枝干发生冻害，加重受害程度和腐烂病发生。在清理积雪时，要注意避免对树体造成二次损伤。有条件时，在清除树体、树盘积雪后，应尽快用稻草

包扎树干和覆盖树盘来保温；对尚未采摘的晚熟果，要及时清除果面积雪和薄冰，防止果面冻伤，并尽快组织人力采收，减轻损失。

清除树盘积雪：树盘积雪要及时清除，最好尽快用稻草、麦秸等包扎树干和覆盖树盘，有利于减少温湿度变化幅度，防止树干冻害进一步加重。

②树体管理。树体保护：密切注意气温变化，若气温降至 $-20℃$ 以下，则可能对树体造成冻害，应积极引导果农采用树体包裹的办法，用废旧棉絮、布条、作物秸秆、稻草等物品将主干、主枝包裹，用废旧农膜、编织袋绑缚扎紧。有条件的可加喷薄膜型植物蒸腾抑制剂，有效防止和减轻苹果幼树越冬抽条。对被撕裂但未断的枝干，不宜轻易剪除，应视断裂程度，先用支柱撑起，恢复原状后，再用绳索捆绑固定，使其愈合，恢复生长；对已被压折断裂的枝干应结合春季修剪，选留生长位置适当的新梢作为主枝、副主枝或其他骨干枝的预备枝加以培养。

伤口保护：对暴雪造成的树体伤口和修剪树的剪锯口，要及时用波尔多液、石硫合剂或剪口油进行伤口保护。

延迟修剪：应适当推迟修剪时间，避免产生新的伤口，有利于分清、区别冻伤芽和冻伤枝，最大限度地保证产量和树体长势。在气温稳定回升后，及时修剪受冻枝干，轻者适度短截纤弱枝，剪除树冠内的枯枝和病虫枝；重者，除剪除受冻枝干外，还应锯除枯枝，适当进行树冠改造。留下的伤口应当削平，涂抹波尔多液或3~5波美度的石硫合剂等保护剂，以免伤口感染。

③加强栽培管理，提高产量和品质。加强授粉，促进坐果：对花芽受冻的苹果树，在树势允许的情况下，要利用壁蜂授粉和人工辅助授粉，以提高坐果率，增加产量。

叶面喷肥，提高坐果率：对受害果树在开花前和谢花后喷施天达2116、云苔素481等叶面肥，以补充营养，提高坐果率。

精细疏果，控制结果量：受灾果树一般树势减弱，应精准疏果，严格把握负载量，以利于树势尽快恢复。春季开花前剪除部分果枝，减少花量；根据受冻程度合理确定当年产量，冻害较轻的果园，在加强管理的基础上，可将结果量控制在正常年份的1/2；冻害严重的果树，要严格进行疏果，以促使树势的恢复。疏果宜早不宜迟。

加强肥水管理，提高产量和品质：苹果树遭受雪灾受冻后，为尽快恢复树势，应加强肥水管理，补充树体营养。当气温稳定在10℃以上时，要及早施肥，主要以氮肥为主，每株成年树，采用环状沟施肥法施0.5~1.0千克尿素兑50千克水灌施，幼树施肥量酌减，可分别喷施0.2%~0.3%尿素和0.2%~0.3%磷酸二氢钾混合液。

④雪灾容易引发的病害防控。暴雪导致果树发生程度不一的冻害，致使树势减弱，从而加重苹果腐烂病、轮

纹病和干腐病的发生。另外，降雪加大了土壤水分和空气湿度，会导致以褐斑病为主的早期落叶病严重发生，因此，应特别注意灾后病害防控。

针对腐烂病、轮纹病和干腐病，重点做好早春的喷药保护，可在萌芽前对树体枝干进行喷药，药剂可选用45%施纳宁水剂200～300倍液，或3%甲基硫菌灵、果康宝、金力士和腐烂立克等。对修剪伤口可用菌灭利膏剂涂抹保护。

针对以褐斑病为主的早期落叶病，应在5月底和6月初对树体进行喷药保护，药剂可选用大生 M-45、必得利、甲基硫菌灵、多菌灵、苯醚甲环唑、己唑醇等。

7. 大风灾害

（1）防控技术：

①营造防风林带。防风林带应建成林网状。除建造主林带外，还应规划副林带及与主林带相垂直的折风带。林带宜为乔灌木结合的透风林，并需一定的厚度，以增强防风效果。

②科学规划，合理布局。在果园品种布局方面，因其边缘及接近道路两边和风口处易受风灾侵袭，故宜安排种植早熟品种或果形较小、抗风力较强的品种。在果园规划上，应合理密植，或宽行密植、双行密植（即宽窄行种植），以增强群体的抗风能力。采用深沟高畦种植，加强排水，

注意深施基肥，深翻扩穴，促使根系向深层发展，增强树体的固持能力。施肥时还应增施磷、钾肥，以增强机械组织，使树体强健，避免徒长。夏秋期间树冠下面覆草，避免地表裸露，可防止风落果的破碎及被泥土污染；还可缓冲大风、暴雨对土壤的冲刷，减少径流引起的表土流失，防止根系裸露和摇动；同时还有利于稳定土温，保持土壤水分，促进根系的生长发育。

③整形技术措施。采用低干矮冠树形，降低树冠高度和重心。第1主枝宜选留在东面（迎风面），并注意加强培养，使树冠上层的受风面减小，全树重心平衡，从而增强抗风能力。加大主、侧枝的着生角度，特别要加大基角，以增强大枝基部的接合能力，防止大枝劈裂。注意大枝的均匀分布，防止树冠偏歪。注意调整好主、侧枝间的从属关系，加大侧枝的伸展角度，使树冠下部大、上部小，降低树冠重心。主、侧枝的延长枝要适度短截，不应过分长放，并注意"弯曲延伸"，即每2～3年回缩换头一次；对生长强旺的幼树，宜用中庸枝作延长枝，以加大骨干枝的尖削度，并使整个大枝呈现一定的曲折。整形阶段的幼树要适当多留辅养枝及预备枝，并注意绑缚；芽苗定植时，接芽要面向东南（迎风面），以减轻风害损失。

④修剪技术措施。树冠形成后，通过主、侧枝的回缩修剪，使株行间保持适当的间距，避免树冠密接及大枝相互摩擦。结果枝组要及时回缩更新，使枝组紧凑并尽量靠

近大枝，减少枝组间的交叉摩擦。注意疏剪树冠顶部及外围的徒长枝和过多的结果枝，促进树冠中部和内膛果枝的生长发育，达到立体结果，避免外围结果而加重风害损失。大风来临前，及时疏剪徒长枝、无用枝及过密枝，避免"招风"。对结果过多和老、弱树，应及时做好顶吊、支撑和立支柱绑缚等保护工作。

⑤栽培管理措施。选择优良砧木并注重良种良砧组合，防止发生"小脚"和浅根及嫁接部位愈合不良。大树高接换种时，要求在大枝断面的两侧同时都接上枝条，或一个大枝上同时接上3~4个枝条，以促进断面愈合，增强新枝的抗风能力，并有利于树冠的迅速恢复。高接的新枝在生长旺盛阶段，应适时摘心，以降低发枝部位，增加分枝级数，促进枝条增粗，增强抗风能力。嫁接成活后（包括育苗及高接换种），应于接穗旺盛生长前适时解除绑扎物，以利愈合组织发育及枝条增粗，否则极易折断。主干及主、侧枝上不宜施行环剥及绞缢等手术。如必须施行时，须严格掌握好施行的时期和宽度，并加强手术后的伤口保护，使其及时愈合。用铁丝绞缢处理，也要适时将铁丝除去，否则易造成折断。

⑥病虫害防治。加强对枝干病虫害的防治，特别是天牛、木蠹蛾、吉丁虫及干腐病和木腐病等，因这类病虫害对果树木质部破坏极大，极易引起风折。苗木定植时，要严格剔除根瘤病苗，对根部的白绢病、纹羽病等也应加强

防治。对于大枝上因修剪或病虫等原因所造成的较大伤口，要消毒及保护，防止被木腐病、天牛、木蠹蛾等病虫害寄生。锯除枯死或无用大枝时，不留残桩，并尽量缩小断面的横截面；大枝缩剪要在剪口处留有良好的枝组或带头枝；过粗的大枝，宜分年逐步疏除，使伤口面积相对缩小，利于伤口愈合，以防木质部腐烂。此外，还应根据天气预报，掌握台风动向，抓紧在台风来临前抢摘成熟和即将成熟的果实，并及时组织销售，以减少损失。

（2）灾后应急工作：大风过后，应迅速组织对产区果园树体健康状况和受害情况的全面检查，针对实际受灾情况提出具体应对方案。全面评估大风灾害对果树组织、器官所产生的各方面影响、危害程度，并实施积极的应对措施，尽可能将灾害损失降至最小。

加强病虫害防控。果树遭受大风灾害后，果树树体、枝叶及果实上伤口多，田间湿度大，容易诱发病害。因此，要注意加强病害综合防控，及时喷药保护，预防发病，尽量减少因病虫害造成的产量和经济损失。

（3）灾后补救措施：

①果园管理。清理果园：大风造成的残枝、残叶、落果等应及时清理，带出园外深埋或集中销毁，以防止有害病菌传染，减轻病害发生；风灾后降雨严重造成果园积水的园片，要及时挖排水沟排涝，恢复土壤通气性，防止根系窒息，导致落叶、落果加重，进一步削弱树势。暴雨后

塌陷堵塞的沟渠，应及时整修疏通。

　　土壤管理：大风过后，对于造成田间积水的地块，应迅速排除积水，加强土壤管理，及时中耕除草，可改善土壤的通透性，促进根系的生理活动。对于风灾造成歪斜、根系外露的植株，扶正壅土后，树冠下面宜铺草覆盖，可稳定地温，保持湿度，促进根系生长发育，恢复树势。

　　追肥补肥，恢复树势：灾后叶片、果实、枝干等均有伤口，果树各器官的呼吸作用旺盛，消耗大，又因根系有不同程度的伤害，养分的吸收受到影响，需叶面补肥。补肥应以氮、磷肥为主，促进营养生长。对落叶严重的树，风后要及时追肥，促进新梢生长，以早日恢复一定的叶面积，恢复树势。

　　②树体管理。扶正植株：对倒伏、倾斜的幼龄树或初果期树，必须在灾后3天内土壤尚较松软时扶正、固定，否则由于土壤干结、根系固定，扶正较难，同时伤根严重。扶正时，对伤断严重的根系应该修剪，促进愈合及新根发生。扶正过程中，动作宜从缓从轻；扶正后再培土踏实，防止松动；当听到根系有较大的"咔嚓"声时，立即停扶，不能为使树体直立而伤断大根。如一时无法或无力及时扶正，应先在裸露的根系上用草覆盖保护，避免风吹日晒使根系干枯。对歪倒严重、根系受伤较重的树，扶正后要在树干旁立柱支持，最好用三根木杆呈三角支撑，防止在根系没有完全恢复时，再遇风而倒伏。对歪倒的大树，宜

125

先用木棍暂时支起，使树叶离地即可，待落叶休眠后再行扶正（扶正后要加大修剪量）。

整形修剪：对已断枝的劈裂口，也应在适当的分枝处剪截，使剪口光滑，便于愈合。对大树上劈裂的大枝，劈裂处要用竹片或木棍等作为夹板夹紧，并用绳子绑紧，促进愈合。对劈裂的大枝要相应回缩及疏剪，减轻负荷，再用木棍或绳索加以顶吊，防止进一步折断。对已断裂的大枝要及时锯除，伤口处用波尔多液或1%的硫酸铜液等加以消毒和保护，防止感染病虫。对断而没掉的下垂断枝，应立即在适当分枝处（最好在劈裂处）剪截，否则，伤口越劈越大，或磨碰周围的枝叶和果实，或遮光。

③果实管理。加强授粉，提高坐果率：对于苹果花期遭遇风灾的果园，灾后要加强授粉，最好人工点授，以提高坐果率。

保花保果、促进果实发育：春季风灾较多的地区，花期或幼果期遭受风灾后，疏花疏果要适当延迟进行，采取有利于保花保果和促进果实发育的配套技术，以增大果个、补偿因风灾落果所造成的产量损失。

果实分期采收：对于风灾发生频繁的地区，建议分期采收，尤其先采果园边缘树上的果实和树冠外围的大果。

④风灾容易引发的病害防控。风灾造成伤口多，病菌易侵入，所以灾后天晴时，应立即喷一遍广谱性杀菌剂或结合叶面喷肥加入杀虫剂，可选用5%安索菌毒清500倍

液或70%甲基托布津800倍液等，与300倍的磷酸二氢钾和200倍尿素液混喷。

8.雨涝灾害

（1）防控技术：

①加大水利设施投入，因地制宜修建各类水利设施，治理河道，健全排水系统，及时排除积水，是防止果园雨涝的根本措施。

果园可采用明沟排水法，即果园周围修排水沟，并与坑塘、沟渠连通。当果园积水时，水由园中的渠道流入排水沟，再顺排水沟流入坑塘等。山地果园则需在最上一道梯田之上修建拦水沟，每道梯田的里边修建竹节沟，梯田两端的路旁修建排水沟，使沟沟相通。水少时积存在竹节沟内，水多时顺沟流下山，不至冲垮梯田和道路。无排水沟的果园可人工排水，即在果园周围筑起田埂，用小型抽水机把水抽出园外，或用人工提水的方法把园中的水排出。平地果园提倡起垄栽培，即把果树植在事先筑起的高垄上，两行树中间呈浅沟状。

②健全雨涝灾害监测预警系统及服务体系。为减轻雨涝灾害的影响和损失，建立雨涝灾害实时监测、预警系统是非常必要的。开展雨涝监测、预警、评估业务，应在洪涝发生之前进行预测、预警；在洪涝发生过程中，不断实时监测雨涝的强度、发展态势以及对人民生活生产的影

响，及时向有关部门提供洪涝可能发生的区域、时间和危害程度，以及防汛减灾的对策措施，为防灾减灾服务。

③采取积极有效的农业技术措施是防御雨涝的重要途径。果园起垄栽培，果园生草，中耕松土，晾晒树根，叶面喷肥等是防止雨涝危害的重要农业措施。果园生草可减缓雨涝对果树的危害。生草果园雨后地表积水较少，加上草被的大量蒸腾作用可加快雨水的散发，与清耕园相比，生草园因雨涝带来的危害较轻。果树起垄配套栽培是克服平原低洼地区果树栽培中存在的幼树徒长、难成花、产量低、旱涝严重等不良现象的优良方式。采取起垄栽培可增加土层厚度，增加土壤通透性，扩大根系活动范围，有利于提高果树地下新根的数量和比例。起垄栽培的果园，暴雨后地表水能迅速从垄沟排出，避免田间渍水，降低田间湿度，预防渍害和病害。

果园受涝，水分排出后，应及时将树盘周围根茎和粗根部分的土壤扒开晾晒树根，可使水分尽快蒸发，待经历3个晴好天气后再覆土。对受涝而烂根较重的果树，应清除已溃烂的树根。对外露树干和树枝用1：10的石灰水刷白，并用稻草、麦草包扎，以免太阳暴晒，造成树皮开裂。同时，果树受灾后，树体长势减弱，急需补充大量的营养。因此，必须加强肥水管理，加大施肥量。多喷叶面肥，补充果树养分，使树势尽快恢复。应先追施尿素、果树专用肥、磷酸二铵等，施肥量依树体大小而定，但要较常规施肥量多，做到少量多次。8月上旬喷施以0.3%的尿素液为主的叶面肥，以后喷施以0.3%的磷酸二氢钾液为主的叶面肥。同时将果园内过密枝和徒长枝疏除，适当回缩部分过长枝。摘除部分小果，以减轻负载量。高温多湿的气候环境，有利于白粉病、早期落叶病等多种病害的发生和蔓延，且受灾后整个树体生命力降低，应在天晴时喷药防止病害发生，尽可能降低雨涝造成的损失。

（2）灾后应急工作：暴雨过后，应迅速组织对产区果园树体健康状况和受害情况的全面检查和调研，在第一时间内将受灾基本情况上报上一级救灾应急部门，为救灾决策提供依据；加强灾害信息的收集和灾情分析，针对实际受灾情况提出具体应对方案，并发放相应资料给受灾果园种植户。全面评估暴雨灾害对果树组织、器官所产生的各方面影响和损失、危害程度，并实施积极的应对措施，及时组织灾后果园管理、抗灾减灾，尽可能将灾害损失降至最小。

（3）灾后补救措施：

①果园管理。紧急修整果园周边排水系统，排涝清淤：对水淹较轻的果园，雨后要及时疏通渠道，排出果园积水，并将树盘周围1米内的淤泥清理出园，以保持树体正常的呼吸代谢。对水淹严重的果园，要及时修剪果树，去叶去果，减少蒸腾量，并清除果园内的落叶落果。对水淹较重、短时间内又不能及时清理淤泥的果园，要在果树

行间挖排水沟,以降低地下水位,使果园土壤保持最大程度的通气状态。预防病害发生,促进植株快速恢复生长。做好壅土固根,填补雨水冲刷的沟、坑和果树裸露根系。对平地果园,要加紧修整和加固排水沟渠系统,保证完善畅通;对山地果园,要把果园四周的防护沟修通、加深、加固,利用顶部的防护沟作集洪沟,两旁的防护沟作泄洪沟。

中耕松土,晾晒树根:将地表锄松和翻刨,防止土壤板结,改善土壤的理化性状,增加土壤透气性,促进根系尽快恢复吸收功能和旺盛生长。中耕时要适当增加深度,将土壤混匀、土块捣碎,根据土壤和果树生长的具体情况,可中耕1~2次。在表层土壤干后进行土壤翻耕,使土壤水分散发,改善土壤通气条件,以利于土壤微生物活动,恢复根系发育,促进新根生长。将树盘周围根茎和粗根部分的土壤扒开晾晒树根,可使水分尽快蒸发,待经历3个晴好天气后再覆土。对因涝而烂根较重的果树,应清除已溃烂的树根。对树干和树枝用1∶10的石灰水刷白,并用稻草或麦草包扎,以免太阳暴晒,造成树皮开裂。

②树体管理。扶正植株:被水浸没枝叶的果树,在雨停水退时,抢时间清除杂物,利用洪水泼洗被污染的枝叶,减少泥渍。待洪水全部退去后,对被冲倒的果树进行扶正、培土、护根,必要时可设立支柱,防止动摇和再次歪倒。然后再一次用清水喷洗枝叶上残留的污物,以确保树

体正常生理活动的进行。同时要及时剪除水灾引起的病枝、病叶和病果，并清除出园进行深埋或焚烧。另外，在修剪时把伤口剪平，减小伤口面积，以利于伤口愈合。

加强追肥和补充营养：受灾后果树根系从土壤中吸收养分的能力下降，应及时在雨止后结合病虫害防治进行叶面追肥。8月上旬喷施以0.3%的尿素溶液为主的叶面肥，以后喷施以0.3%的磷酸二氢钾溶液为主的叶面肥。结合叶面喷肥，及时进行土壤追肥（氮肥为主，磷、钾肥为辅），加强营养，促进果树恢复生长。此外，要抓住土壤墒情好的时机，早施有机肥、土杂肥为主的基肥。对水淹较重的果园在墒情降低后，先进行深翻改土，然后施入基肥，在9~10月进行为宜。

控制旺长：采取扭梢、摘心、开张角度、拿枝软化等方法调节果树内源激素和营养物质的分配，以达到削弱树势、控制旺长的目的。对萌发的新梢、旺枝及时进行扭梢、摘心，促使枝条和芽体充实。开张角度，拿枝软化，亦能缓解新梢的生长势。疏枝，主要是疏除直立旺长枝、过密枝和徒长枝。雨涝灾害较重果园，不宜采用环剥技术控制树体和新梢旺长。

合理修剪：为了使果树在根系受到伤害而影响水分吸收的情况下，减少地上部的水分消耗，应对水涝的果树进行适当的修剪。对新梢生长过旺，特别是树冠中上部新梢徒长枝较多的植株，为防止郁闭，宜及时修剪徒长枝和上部的过密新梢。同时适当回缩部分过长枝，摘除部分小果实，以减轻负载量。

③果实管理。暴雨过后及时检查果袋情况，脱落的应及时补套；果袋内积水的必须及时排出，以免对果面造成损伤。

④雨涝容易引发的病虫害防控。雨涝往往伴随着高温多湿的气候环境条件，有利于各类病菌的滋生，容易引发苹果斑点落叶病、苹果褐斑病、苹果炭疽病、苹果轮纹病、苹果锈病和苹果黑星病等。同时雨涝环境下，果树根系吸收矿质元素的能力下降，影响根系对 Fe、Ca、Ze 等矿质元素的吸收，引起苹果黄叶病、苦痘病的发生。防治方法：加强土肥水综合管理，养根壮树，提高树体抗病力。秋末春初剪除枯死枝、病僵果，清除落地果，将病叶清除深埋，减少病原基数。加强树体管理和整形修剪，优化改良树体结构和果园群体结构，改善果园通风透光条件和生态环境。加强病虫害预测预报，及时进行药剂防治。

9. 鸟害

随着人们对生态环境的重视，苹果园鸟害呈逐年加重的趋势。据山东省果树研究所在平度、莱州、莱阳、莱西、招远、栖霞和蒙阴等地28个果园调查，有24个果园鸟对果实的危害率在1%~4%，有4个果园的被害果率超过5%，重者达10%，对苹果生产造成较大损失。防鸟害已成为苹果栽培中的一项重要任务。

（1）苹果园鸟害的种类：在我国北方地区，危害苹果的鸟类主要为喜鹊、灰喜鹊、大山雀、蜡嘴雀、麻雀和白头鹎等。

（2）鸟害发生时间和啄食部位：一般群鸟从6～7月开始进入果园，有色品种从果实着色、无色品种从逸出果品风味即遭啄食，直至果实成熟。果树落叶后，有些害鸟依然在果园中寻找落果或残果啄食。据调查，苹果鸟害发生存在逐年变早的趋势，有些尚未套袋幼果也被啄食。1天中，以清晨至10时、下午2时至日落前1时活动频繁，此为2个明显高峰期。喜鹊早晨活动较多，灰喜鹊则在傍晚前活动较为猖獗。

调查发现，苹果果实向阳面比背阴面的鸟害要厉害得多，着色的比不着色的受害多，着色好的比差的受害多，甜度大的比小的受害多，一般果实的胴部和果肩部受害较严重。果实开始套袋，鸟便开始危害。

（3）防控技术：

①人工驱鸟。鸟类在清晨和黄昏时段危害果实较严重，可在此时段设专人驱鸟，及时把鸟驱赶至远离果园的地方，大约每隔15分钟在果园中来回巡查、驱赶一次。

②果实套袋防鸟。果实套袋是最简便的防鸟害方法，同时还能防止病菌、农药和尘埃等对果实的污染。苹果果实套袋后，可缩短鸟类的危害期，减少果品损失；摘袋后

再套一塑料纱网袋，既可保护果实不受鸟类危害，又使其不受多种成虫的危害。

③设网防鸟。此为保护鸟类又能防治鸟害最好的方法。树体较矮、面积较小的果园，果实开始成熟时（鸟类危害前），在果园上方75～100厘米处增设由8～10号铁丝纵横交织的支持网架，网架上铺设用尼龙或塑料丝制作的专用防鸟网（丝网或纱网等，网孔应钻不进小鸟，网目以4厘米×4厘米或7厘米×7厘米为好）。网的周边垂至地面并用土压实，以防鸟类从旁边飞入。也可在树冠的两侧斜拉尼龙网。因大部分鸟类对暗色分辨不清，故不宜用黑色或绿色的尼龙网，尽量采用白色及红色尼龙网。果实采收后可将防护网撤除。在冰雹频发的地区，可调整网目大小，将防雹网与防鸟网结合，一设两用。

④置物驱鸟。在果园中放置彩色布条、假人、假鹰（用多种颜色的鸡毛制成，绑缚于木杆上，随风摆动驱鸟），或在果园上空悬挂画有鹰、猫等图像的气球，可短期内防止害鸟入侵。这些吓鸟景物一般在鸟类开始啄食果实前及早设置，以便使某些鸟类迁移到别处筑巢觅食。

⑤声音驱鸟。将鞭炮声、鹰叫声、敲打声以及鸟的惊叫、悲哀、恐惧和鸟类天敌的愤怒声等，用录音机录下来，在果园内不定时地大音量播放，以随时驱赶果园中的散鸟。音响设施应放置在果园的周边和鸟类的入口处，以利借风向和回声增大防鸟效果。据调查，使用专门的驱鸟器

可减少30%～70%的果实损失。驱鸟器的声音还能引诱这些鸟类的天敌（如鹰等）前来猎食，从而形成立体式预防鸟害的防护墙。

⑥铺反光膜驱鸟。果园地面铺盖反光膜，其反射的光线可使害鸟短期内不敢靠近苹果树，同时也利于果实着色。

⑦改进栽培方式。在鸟害频发区，适当多留叶片，以遮盖果实。并注意果园周围的卫生状况，杜绝鸟类的栖息场所。

⑧化学驱逐剂驱鸟。在果实上喷洒鸟类不愿啄食或感觉不舒服的氨茴酸甲酯等生化物质趋避剂，迫使鸟类到别处觅食而远离果园。值得注意的是，不能用毒饵诱杀鸟类。现在登记注册的化学驱避剂已有几十种。

（4）灾后补救措施：在鸟害发生季节，要及时仔细地巡视果园，发现被危害果后应及时摘除，因为被啄食的伤口已经使该果完全失去商品价值，如果继续留在树上，一旦伤口霉烂，还会引发病虫害的严重发生。

病虫害防控

（一）病虫害综合防治

1. 苹果病虫害综合防治的作用

苹果是众多果树产区的经济支柱产业之一，是农民增加经济收入的重要组成部分。但因病虫害造成的果品产量损失高达25%，苹果病虫害已成为影响果树产量和果实品质的重要因素。

由于果园生态系统的复杂性和人们对果实品质的要求，每年需要喷施大量的化学农药来控制病虫危害。化学农药的无节制使用造成环境污染日益严重、果实农药残留超标、病原菌、害虫抗药性增强。果品安全日益受到当今社会的重视。要减少环境污染、提高果实品质、降低病虫抗药性就必须改变果园病虫害传统的防治模式，以"果树病虫治理"来取代"病虫害防治"，正确处理好与病虫害发生发展有关的各种因素之间的关系，最大限度地消减病虫基数，减轻病虫害引发的损失。综合防治将取代传统的单一的化学防治，在果树生产中起越来越重要的作用。

果园病虫害综合防治是以果园生态学和经济学为基础，有机地运用各种防治手段，对物理环境（如温度、湿度、光照、土壤等），果树的抗性，以及病原物、害虫的生存、繁殖等方面进行适当的控制或调节，建立一个以果树栽培为主体的相对平衡的生态系统，并力求保持相对稳定，把病虫害所造成的损失控制在经济允许的水平之下。

寄主植物、病虫源、环境条件、人为因素是果树病虫害发生发展的四要素。环境因素不仅包括温度、湿度等非生物因素，还包括生物因素。果树病虫害的防治应该从整个果园生态系统出发，认识并接受病虫源和寄主植物都是果园生态系统中的组成部分。病虫害的防治不是以消灭病虫源为目的，要求病虫害绝对不发生，而是要求正确处理好与病虫害发生发展有关的各种因素之间的关系，最大限度地消减病虫基数，减轻损失。综合防治的应用并不是几种防治措施的累加，也不是所有的病虫害都必须强调应用综合防治，如有些病虫害只要抓好其中一个环节就可以控制危害，无需运用综合措施。

2. 苹果病虫害综合防治

苹果病虫害综合防治包括植物检疫、农业防治、物理防治、生物防治、化学防治等措施。

（1）植物检疫：植物检疫是"预防为主，综合防治"的一项重要措施。它是国家运用法律的力量，强制性禁止或限制果树危险性病虫害传播。

（2）农业防治：根据苹果病虫的发生危害和栽培管理之间的相互关系，结合整个农事操作过程中各方面的具体措施，有目的地创造有利于苹果树生长发育、不利于病虫发生的条件，进而直接或间接地消灭或抑制病虫的危害，保证果树丰产丰收。

选育和利用抗病虫品种：选育和利用抗病、抗虫品种是苹果病虫害综合防治的重要途径之一。抗病、抗虫品种不仅有显著的抗、耐病虫的能力，而且还有优质、丰产及其他优良性状。

合理施肥灌水及果树修剪：合理增施有机肥、追施化肥，适当浇水，合理修剪，改善通风透光条件，疏花疏果，增强树势，提高抗病、抗虫能力。

果园合理布局：病虫害防治与品种布局、管理制度有关。切忌多品种、不同树龄混合栽植，不同品种、树龄病虫害发生种类和发生时期不尽相同，对病虫的抗性也有差异，不利于统一防治。

深翻果园：利用冬季低温和冬灌的自然条件，通过深翻果园，将在土壤中越冬的害虫如蝼蛄、蛴螬、金针虫、地老虎、食心虫、红蜘蛛、舟形毛虫、铜绿金龟子、棉铃虫等的蛹及成虫，翻于土壤表面冻死或被有益动物捕食。深翻果园还可以改善土壤理化性质，增强土壤冬季保水能力。冬季翻园，把表土翻到下面，底土翻到上面，围绕主干由浅而深向四周翻，以不伤1厘米以上的大根为宜。翻后一周对果园进行冬灌。翻园的深度以30～40厘米为宜，时间以越接近土壤封冻效果越好。

剪除病虫枝条、刮除果树粗皮、清除果园枯枝落叶及病虫果：冬春季节合理修剪，清扫枯枝落叶和清除病虫果，可以减少病虫越冬基数。采果后至第2年春，合理修、疏枝条，既可以增加光照条件又能增强树势。在果树粗皮、裂缝中有许多病菌和害虫越冬，如食心虫、红蜘蛛、蚜虫、腐烂病、轮纹病、干腐病等20余种病虫。还有许多病菌如穿孔病等病菌在病枝、病叶或病果上越冬；有些害虫如桃潜叶蛾等在落叶中越冬，黄褐天幕毛虫的卵在枝条上越冬，因此应及时清除并集中烧毁。刮树皮是消灭害虫的有效措施，可消灭越冬虫口的50%～80%。刮皮以秋末、初冬效果最好，最好选无风天气，以免风大把刮下的树皮和病虫吹散。刮皮的程度应掌握小树和弱树宜轻、大树和旺树宜重的原则，轻者刮去枯死的粗皮，重者应刮至皮层微露黄绿色为宜。刮皮要彻底。刮树皮要在树下铺以布单或塑料布，便于集中收拾烧毁或深埋。

树干涂白：对果树主干、主枝进行涂白，既可以杀死隐藏在树缝中的越冬害虫虫卵及病菌，又可以防冻害，延迟果树萌芽和开花，使果树免遭春季晚霜的危害。涂白剂的配制：生石灰10份，石硫合剂原液2份，水40份，黏土2份，食盐1~2份，加入适量杀虫剂。将以上物质溶化混匀后，倒入石硫合剂和黏土，搅拌均匀，涂抹树干，涂白次数以两次为宜。第1次在落叶后到土壤封冻前，第2次在早春。涂白部位以主干基部为主，直到主侧枝的分权处，树干南面及树权向阳处重点涂。涂抹时要由上而下，力求均匀，勿烧伤芽体。

果园生草和营造防风林：果园生草能增加植被多样化，创造天敌适宜生长发育的条件。如种植紫花苜蓿的果园可以招引草蛉、食虫蜘蛛、瓢虫、食虫螨等多种天敌。果园有了稳定的植被覆盖后，节肢动物指数可由0.1提高到0.25以上。天敌对苹果蚜虫、害螨的自然控制率分别为72%~85%和32%~66%，对其他害虫的控制率也在57%以上。有条件的果园，可营造防护林，改善果园的生态条件，建造良好的小气候环境。

果实套袋和提高采果质量：果实套袋可以把果实与外界隔离，减少病原菌的侵染机会，阻止害虫在果实上的危害，也可避免农药与果实直接接触，提高果面光泽度，减少农药残留。果实采收要轻采轻放，避免机械损害。采后必须进行商品化处理，防止有害物质对果实的污染，贮藏保鲜和运输销售过程中保持清洁卫生，减少病虫侵染。

（3）物理防治：在苹果病虫害管理过程中，许多机械和物理的方法包括温度、湿度、光照、颜色等对病虫害均有较好的控制作用。包括捕杀法、诱杀法、汰选法、阻隔法、热力法等。

①捕杀法。可根据某些害虫（甲虫、黏虫等）的假死性，人工振落害虫并集中捕杀。

②诱杀法。根据害虫的特殊趋性诱杀害虫。

灯光诱杀：利用黑光灯、频振灯可诱杀蛾类、某些叶蝉及金龟子等具有趋光性的害虫。将杀虫灯架设于果园树冠顶部，可诱杀果树各种趋光性较强的害虫，降低虫口基数，达到防治的目的。频振式杀虫灯每台可以控制果园面积13~15亩，可诱杀苹果常见鳞翅目和鞘翅目害虫5目21科41种。每亩果园防虫费用12.2元，比常规防治费用降低25.8元。

草把诱杀：秋天树干上绑草把，可诱杀美国白蛾、潜叶蛾、卷叶蛾、螨类、康氏粉蚧、蚜虫、食心虫、网蝽象等越冬害虫。在害虫越冬之前，把草把固定在靶标害虫寻找越冬场所的分枝下部，能诱集绝大多数个体潜藏在其中越冬，一般可获得理想的诱虫效果。待害虫完全越冬后到出蛰前解下集中销毁或深埋，消灭越冬虫源。

瓦棱纸果树诱虫带诱杀：利用瓦棱纸果树诱虫带对在枝干翘皮缝中越冬的叶螨类、康氏粉蚧、草履蚧、卷叶蛾等果树主要害虫具有良好的诱集效果，具有很强的实用性，而且经济无污染。

糖醋液（1份糖、3份醋、16份水）诱杀：许多害虫的成虫，如苹果小卷叶蛾、苹果卷叶蛾、黄斑卷叶蛾、食心虫、金龟子、桃红颈天牛、小地老虎、棉铃虫等，对糖醋液有很强的趋性，将糖醋液盛入瓶中，挂在苹果树上，可以诱杀多种害虫。

毒饵诱杀：利用吃剩的西瓜皮加点敌百虫放于果园中，可捕获各类金龟子。初秋果树树干上绑麻片或草袋片以诱集红蜘蛛、苹小食心虫、梨星毛虫等潜伏害虫，冬后再集中消灭。此法对苹小、梨小食心虫诱集效果可达47%～78%，对山楂红蜘蛛、枣黏虫、旋纹潜叶蛾、苹果小卷夜蛾、褐卷夜蛾等，也有很好的诱集作用，特别是在当年越冬虫口密度较大时，诱集效果更为明显。

黄色黏虫板：购买或自制黄色板，在板上均匀涂抹机油或黄油等黏着剂，悬挂于果园中，利用害虫对黄色的趋性诱杀。一般每亩挂2～3块，3～5天清理并移动一次。利用黄板黏胶诱杀蚜虫、潜叶蝇、白粉虱等。

性诱剂诱杀：性外激素应用于果树鳞翅目害虫防治的较多。防治作用有害虫监测、诱杀防治和迷向防治三个方面。性诱剂一般是专用的，种类有苹小卷叶蛾、桃小食心虫、梨小食心虫、棉铃虫等性诱剂。用性诱芯制成水碗诱捕器诱蛾，碗内放少许洗衣粉，诱芯距水面约1厘米，将诱捕器悬挂于距地面1.5米的树冠内膛，每亩果园设置5

个诱捕器，逐日统计诱蛾量，当诱捕到第一头桃小食心虫雄蛾时为地面防治适期，即可地面喷洒杀虫剂。当诱蛾量达到高峰、田间卵果量达到1%时即是树上防治适期，可树冠喷洒杀虫剂。

其他方法：可用银灰膜驱蚜，果园种蓖麻以驱除食害花蕾害虫苹毛金龟子。

③阻隔法。设法隔离病虫与植物的接触以防止受害，如安置防虫网不仅可以防虫，还能阻碍蚜虫等昆虫迁飞传毒；果实套袋可防止几种食心虫、轮纹病等的发生危害；树干上绑一圈塑料薄膜可阻止枣尺蠖、秋千毛虫等上树危害；树干涂白可防止冻害并可阻止星天牛等害虫产卵危害。

④汰选法。利用健全果树种苗与被害种苗在形体、大小、比重等上的差异进行分离，以剔除带有病虫的果树种苗。

(4)生物防治：利用有益生物或其代谢产物防治有害生物的方法即为生物防治，包括以虫治虫、以菌治虫、以菌治菌等。生物防治对环境污染少，对非靶标生物无作用，是今后果树病虫害防治的发展方向。

①以虫治虫。利用捕食性天敌如螳螂、步甲、草蛉、瓢虫等防治多种害虫、害螨；或利用寄生蜂、寄生蝇等寄生性天敌昆虫防治害虫。

苹果园生态系统中常见的天敌昆虫有寄生性和捕食

性天敌70多种，其中寄生性种类有蚜茧蜂、蚜小蜂、跳小蜂、姬小蜂、赤眼蜂、寄生蝇等常见种类；捕食性种类有瓢虫、草岭、食虫蝽、食蚜蝇、捕食螨、蜘蛛类等常见种类，对害虫具有极强的自然控制能力。如瓢虫、草岭、捕食螨对山楂叶螨的控制、多种天敌对卷叶蛾的控制十分显著。为充分发挥天敌的作用，在天敌盛发期避免使用广谱性杀虫剂，以免杀伤天敌，同时在果园周围或行间种植牧草及蜜源植物，以招引繁衍天敌和改善天敌营养条件或人工饲养释放、引进天敌，增加天敌种群数量，恢复其自控能力。

②以菌治虫。利用害虫的病原微生物防治害虫。引起昆虫致病病原微生物有细菌、真菌、病毒、立克次体、原生动物及线虫等。

病原细菌：目前应用的杀虫细菌主要有苏云金杆菌（包括松毛虫杆菌、青虫菌，均为变种）。这类杀虫细菌对人畜、植物、益虫、水生生物等无害，无残留，有较好的稳定性，而且还可以和其他农药混用。该菌能够产生伴孢晶体毒素，对多种害虫有致病作用。在幼虫发生初期喷布500～1 000倍液，可以防治果树苹小卷叶蛾、黄斑卷叶蛾、桃小食心虫、刺蛾类、尺蠖等鳞翅目害虫。

虫生真菌：世界上已记载的虫生真菌有100多个属800个种。可能作为杀虫剂的种类主要有白僵菌、绿僵菌、玫色拟青霉、蜡蚧轮枝菌、汤普生被毛孢、座壳孢、镰刀菌、虫霉目等。在剂型的选择上也日趋多样，主要有可湿性粉剂、油剂、乳剂、微胶囊剂、干菌丝、无纺布菌条等。无纺布菌条是一种新型的，很有希望的真菌杀虫剂剂型，不仅可以广泛应用于各种天牛，而且可以应用于众多具有越冬、越夏或每天具有迁移习性害虫的防治。白僵菌是目前应用最多的昆虫病原真菌。

昆虫病毒：世界上已记载的昆虫病毒 1 000 余种，我国已发现的昆虫病毒 170 余种，果树上防治害虫病毒 20 余种。其中重要的病毒有核型多角体病毒（NPV）和颗粒体病毒（GV）两类。昆虫病毒通过昆虫、鸟和风雨传播，对寄主有严格的选择性，在寄主体内可存活多年，能长期抑制害虫。昆虫病毒主要依靠大量繁殖寄主昆虫，对其接种病毒获得感病虫尸而获得病毒，捣碎稀释进行喷施防虫。

昆虫病原线虫：寄生昆虫的线虫有 3 000 余种，其中斯氏线虫在果树害虫防治中应用最为广泛。每年在 6 月末至 7 月上旬幼虫出土化蛹时，用 8 000 头 / 毫升病原线虫加水 40 千克树下喷洒，对害虫幼虫和蛹的寄生率可达 61.5% ~ 72.4%。

③以激素治虫。昆虫的激素有内激素和外激素。已知的内激素有脑激素、保幼激素和蜕皮激素；外激素有性外激素、集合激素和报警激素。目前开发应用较多的有保幼激素和性外激素。保幼激素可以破坏昆虫正常变态，打

破滞育，使雄性不育等。性外激素国外已有100多种，国内有30多种，应用于果树鳞翅目害虫防治的较多。防治作用有害虫监测、诱杀防治和迷向防治三个方面。中国科学院动物研究所研发昆虫性外激素诱芯种类有苹小卷叶蛾、桃小食心虫、梨小食心虫、金纹细蛾、桃蛀螟等，剂型为橡胶塞式，含量为500微克/枚。经田间试验，每棵树挂一枚（或间隔树挂一枚）诱芯于苹果树冠内膛，5月中旬挂出，间隔30~40天更换一次，可对金纹细蛾、苹小卷叶蛾起到迷向防治作用。目前国内尚无对桃小食心虫性外迷向法防治成功的报道。

④以菌治菌。果树病害的生物防治主要是利用病原菌拮抗微生物的拮抗作用。拮抗机制主要包括竞争作用、抗生物质的作用、寄生作用、捕食作用以及交叉保护作用。抗生物质在果树病害防治中应用较为广泛。我国开发研制的抗生素主要有井冈霉素、春雷霉素、多抗霉素、公主霉素、瑞拉菌素、农抗120、武夷霉素、中生菌素、宁南霉素、内疗素、768、S-921、多马霉素、米多霉素等。

生物杀菌剂：多抗霉素、春雷霉素、井冈霉素、华光霉素、菌毒清等。

生物杀螨剂：浏阳霉素、风雷激、齐螨素、阿巴丁、阿维虫素、苦皮藤、烟碱类吡虫啉等。

生物杀虫剂：茴蒿素、核多角体病毒、白僵菌、Bt、青虫菌、线虫等。

植物源药剂：0.5%印楝素750~1 500倍液、1%苦参碱600~1 500倍液，通过破坏害虫的中肠组织，阻断中枢传导，凝固体内蛋白质，干扰代谢及发育，使其拒食或窒息死亡。

昆虫生长调节剂：50%的灭幼脲1 000~2 000倍液，20%的抑食肼1 000~1 500倍液，20%的除虫脲1 000~1 500倍液，5%的抑太保1 000~2 000倍液。通过胃毒、触杀等作用直接杀死或抑制进食，阻碍发育，减少产卵等。主要防治鳞翅目等害虫。

（5）化学防治：化学防治是苹果树病虫害防治的重要手段，方法简单、见效快。当果园病虫害大发生时，化学防治可能是唯一的有效措施。化学防治是在果树病虫害发生危害、其他防治措施效果不明显时才采用的防治措施。化学农药容易造成环境污染、破坏生态平衡、病虫容易产生抗药性等，进行化学防治要慎重。

根据防治对象的不同，化学农药可以分为杀虫剂、杀菌剂、杀螨剂、杀线虫剂等。化学农药的施用要遵循以下原则。

①正确选用农药。全面了解农药性能、保护对象、防治对象、施用范围。正确选用农药品种、浓度和用药量，避免盲目用药。

禁止使用剧毒、高毒、高残留农药和致畸、致癌、致突变农药。根据中华人民共和国农业部第199号公告，国家明令禁止使用六六六、滴滴涕、毒杀芬、二溴氯丙烷、二溴乙烷、杀虫脒、除草醚、艾氏剂、狄氏剂、甘氟、毒鼠强、氟乙酸钠、毒鼠硅、砷类、铅类等18种农药，并规定甲胺磷、甲基对硫磷、对硫磷、氧化乐果、三氯杀螨醇、久效磷、磷胺、甲拌磷、甲基异柳磷、特丁硫磷、甲基硫环磷、治螟磷、内吸磷、克百威、涕灭威、灭线磷、硫环磷、蝇毒磷、地虫硫磷、氯唑磷、苯线磷、福美砷等农药不得在果树上使用。

允许使用生物源农药、矿物源农药及低毒、低残留的化学农药。允许使用的杀虫杀螨剂有 Bt 制剂（苏云金杆菌）、白僵菌制剂、烟碱、苦参碱、阿维菌素、浏阳霉素、敌百虫、辛硫磷、螨死净、吡虫啉、啶虫脒、灭幼脲3号、抑太保、杀铃脲、扑虱灵、卡死克、加德士敌死虫、马拉硫磷、尼索朗等；允许使用的杀菌剂有中生菌素、多氧霉素、农用链霉素、波尔多液、石硫合剂、菌毒清、腐必清、农抗120、甲基托布津、多菌灵、异菌脲（异菌脲）、粉锈宁、代森锰锌类（代森锰锌 M-45、喷克）、百菌清、氟硅唑、乙磷铝、易保、戊唑醇、世高、腈菌唑等。

限制使用的中等毒性农药品种有功夫、灭扫利、来福灵、氰戊菊酯、氯氰菊酯、敌敌畏、哒螨灵、抗蚜威、乐斯本（毒死蜱）、杀螟硫磷等。限制使用的农药每种每年最多使用一次，安全间隔期在30天以上。

②适时用药。正确选择用药时机，可以既有效地防治

病虫害，又不杀伤或少杀伤天敌。果树病虫害化学防治的最佳时期如下：

病虫害发生初期：化学防治应在病虫害初发阶段或尚未蔓延流行之前；害虫发生量小，尚未开始大量取食危害之前。

病虫生命活动最弱期：在3龄前的害虫幼龄阶段，虫体小、体壁薄、食量小、活动比较集中、抗药性差。如防治介壳虫，可在幼虫分泌蜡质前防治。于芽鳞片内越冬的梨黑星病菌，随鳞片开张而散发进行初侵染；于病枝溃疡处越冬的桃细菌性穿孔病菌于萌芽初期散发进行初次侵染。

害虫隐蔽危害前：在一些钻蛀性害虫尚未钻蛀之前进行防治，如卷叶蛾类害虫应在卷叶之前，食心虫类应在蛀果之前，蛀干害虫应在蛀干之前或刚蛀干时，为最佳防治期等。

树体抗药性较强期：果树在花期、萌芽期、幼果期最易产生药害，应尽量不施药或少施药。在生长停止期和休眠期防治，尤其是病虫越冬期，其潜伏场所比较集中，虫龄也比较一致，有利于集中消灭，且果树抗药性强。

避开天敌高峰期：利用天敌防治害虫是既经济又有效的方法，因此在喷药时，应尽量避开天敌发生高峰期，以免伤害害虫天敌。

选好天气和时间：防治病虫害，不宜在大风天气喷药，也不能在雨天喷药，以免影响药效。同时也不应在晴天中午用药，以免温度过高产生药害、灼伤叶片。宜选晴天下午4时以后至傍晚进行，此时叶片吸水力强，吸收药液多，防治效果好。

在防治指标内防治：当果实受桃小食心虫危害2%～3%时；苹果象甲虫，每树有4～5头甲虫时；食叶毛虫，在树叶被吃掉25%以前；苹果蚜虫，每叶有5～6头或每百个幼芽上有8～10头群体时进行防治最为经济有效。

③使用方法。使用浓度：用液剂喷雾时，往往需用水将药剂配成或稀释成适当的浓度，浓度过高会造成药害和浪费，浓度过低则效果不佳。有些非可湿性的或难于湿润的粉剂，应先加入少许，将药粉调成糊状，然后再加水配制，也可以在配制时添加一些湿润剂。

喷药时间：喷药的时间过早会造成浪费或降低防效，过迟则大量病原物已经侵入寄主，即使喷内吸治疗剂，也收获不大，应根据发病规律和当时情况或根据短期预测及时在没有发病或刚刚发病时就喷药保护。

喷药次数：喷药次数主要根据药剂残效期的长短和气象条件来确定，一般隔10～15天喷一次，雨前抢喷，雨后补喷，应考虑成本，节约用药。

喷药质量：采用先进的施药技术及高效喷药器械，防止跑冒滴漏，提高雾化效果，实行精准施药，防止药剂浪费和对生态环境的污染。要不断改进施药技术，通过示范引导，逐渐使农民改高容量、大雾滴喷洒为低容量、细雾滴喷洒，提高防治效果和农药利用率。

药害问题：喷药对植物造成药害有多种原因，不同作物对药剂的敏感性也不同。果树种类的不同发育阶级对药剂的反应也不同，一般幼果和花期容易产生药害。另外与气象条件也有关系，一般以气温和日照的影响较为明显，高温、日照强烈或雾重、高湿都容易引起药害。如果施药浓度过高造成药害，可喷清水，以冲去残留在叶片表面的农药。喷高锰酸钾6 000倍液能有效地缓解药害；结合浇水，补施一些速效化肥，同时中耕松土，能有效地促进果树尽快恢复生长发育。在药害未完全解除之前，尽量减少使用农药。

抗药性问题：为避免抗药性的产生，一是在防治过程中采取综合防控，不要单纯依靠化学农药，应采取农业、物理、生物等综合防控措施，使其相互配合，取长补短。尽量减少化学农药的使用量和使用次数，避免使害虫产生抗药性。二是要科学地使用农药，首先加强预测预报工作，选好对口农药，抓住关键时期用药。同时采取隐蔽施药、局部施药、挑治等施药方式，保护天敌和小量敏感害虫，使抗性种群不易形成。三是选用不同作用机制的药剂交替使用、轮换用药，避免单一药剂连续使用。四是不同作用机制的药剂混合使用，或现混现用，或加工成制剂使用。另外注意增效剂的利用。

（二）苹果主要病虫害防治

1. 苹果轮纹病

苹果轮纹病又称粗皮病、轮纹烂果病，主要危害苹果枝干和果实。

（1）危害症状：枝干（主干、主枝、侧枝和小枝）发病，病斑以皮孔为中心，形成直径3~30毫米的扁圆形或椭圆形红褐色病斑。病斑质地坚硬，中心突起，边缘龟裂，病组织翘起如马鞍状，许多病斑往往连在一起。翌年，病斑中央产生许多黑色小粒点（分生孢子器）。此病发生后严重削弱树势，甚至引起枝干死亡。

果实多于近成熟期和贮藏期发病，以皮孔为中心，生成水渍状褐色小斑点，很快扩大成呈淡褐色与褐色交替的同心轮纹状病斑，并有茶褐色的黏液溢出，发出酸臭的气味，病部中心表皮下，逐渐散生黑色粒点（分生孢子器）。高温高湿时，几天内即可使整果腐烂。

（2）病原及发生规律：真菌病害。病原菌以菌丝体、分生孢子器及子囊壳在被害枝干上越冬，菌丝在枝干病组织中可存活4~5年，春季通过菌丝体直接侵染或通过雨后产生的分生孢子侵染树干，枝干上的病菌为该病的主要传染源。果实从幼果期至成熟期均可被侵染，但以幼果期为主，采果前为发病盛期。

轮纹病的发生和流行与气候、树势和品种等关系密切。

高温多雨或降雨早且频繁的年份发病重；管理粗放、挂果过多、以及施肥不当，尤其是偏施氮肥的果园发病重；植株衰弱的植株、老弱枝干及老病园内补植的小树均易染病。

（3）防治方法：

①加强栽培管理，提高树体抗病力。新建果园注意选用无病苗木，如发现病株要及时铲除。幼树整形修剪时，切忌用病区的枝干作支柱，不宜把修剪下来的病枝干堆积于新果区附近。增施有机肥，有条件的地方使用苹果专用肥，增强树势。重病区选用抗病品种。

②清除初侵染源。春季发芽前刮除病瘤，全树喷洒5%安素菌毒清100～200倍液或40%氟硅唑乳剂2 000～3 000倍液或3～5波美度石硫合剂，可铲除树体上的越冬菌源。

③及时治疗病斑。从3月开始及时刮治病疤，刮后用1%硫酸铜消毒伤口，然后用波尔多浆保护。生长季节（5～7月）对病树可施行"重刮皮"，除掉病组织。刮掉的树皮都要集中烧毁或深埋。

④及时喷药，保护果实。一般从苹果落花后开始直到9月份，结合防治其它病害，每隔15天左右喷药一次。常用药剂及浓度：50%多菌灵600～800倍液，70%甲基托布津800倍液，40%氟硅唑乳剂4 000～5 000倍液，80%代森锰锌800倍液，43%戊唑醇3 000～4 000倍液等，并

与石灰倍量式波尔多液交替使用。幼果期温度低、湿度大时，不要使用铜制剂，以免产生锈果。

⑤果实套袋。果实套袋可有效控制果实病害的发生。

⑥加强贮藏期管理。果实入库或入窖前严格剔除病果，库窖应严格控制温、湿度，库窖温度低于5℃苹果基本不发病。用仲丁胺熏蒸剂处理，能较好地地控制该病的发生。

2. 苹果树腐烂病

苹果树腐烂病俗称烂皮病、臭皮病、串皮病，主要危害结果树的枝干，小枝、幼树和果实也可被害。受害皮层腐烂坏死，症状表现有溃疡和枝枯两种类型，以溃疡型为主。

（1）危害症状：

溃疡型：病部范围较大，沿树皮表层扩展，长达几十厘米，深度仅2~3毫米。发病部位初呈红褐色，略隆起，水渍状，组织松软，后期病部常流出黄褐色汁液，病皮极易剥离。腐烂皮层鲜红褐色，湿腐状，有酒糟味。有时病斑呈现深浅相间的轮纹，边缘不清晰。病健部交界处有微隆起线纹。腐烂皮与栓层之间常有深灰色、橄榄色菌丝层。最后病部失水干缩、变黑，褐色下陷，其上产生黑色小粒点，即病菌的分生孢子器。在天气潮湿时，分生孢子器吸水从孔口涌出橘黄色卷须状的分生孢子角。

枝枯型：多发生在衰弱树和小枝条上，乃至果台、干桩等部位。病部扩展迅速，形成不规则斑，不久即包围整个枝干，枝条逐渐枯死，后期病部也出现黑色小粒点。果实染病，病斑暗红褐色，圆形或不规则形，有轮纹，边缘清晰。病组织腐烂软化，略带酒糟味。病斑在扩展过程中，常于中部形成黑色小粒点（分生孢子器），散生或集生，有时略呈轮纹状排列。

（2）病原及发生规律：病原菌以子囊壳、分生孢子器或菌丝体的形式在病组织上越冬，春天形成子囊孢子或分生孢子，借风雨传播，造成新的侵染。一年有春季、秋季两个发病高峰，春季是病菌侵染和病斑扩展最快的时期，秋季次之。由于病原菌的寄生性较弱，具有潜伏侵染的现象，侵染和繁殖一般发生在生长活力低或近死亡的组织上。各种导致树势衰弱的因素（例如立地条件不好或土壤管理差而造成根系生长不良，施肥不足、干旱，结果过多或大小年现象严重，病虫害、冻害严重，修剪不良或过重以及大伤口太多等），都可诱发腐烂病的发生。水肥管理得当，生长势旺盛，结构良好的树发病轻。

（3）防治方法：

①农业防治。科学管理，加强土肥水，防止冻害和日灼，合理负载，增强树势，提高树体抗病能力，是防治腐烂病的关键措施。秋季树干涂白，防止冻害。

②春季发芽前全树喷2%农抗120水剂100～200倍液，5波美度石硫合剂，40%氟硅唑5 000倍液。铲除树体上的潜伏病菌。

③早春和晚秋发现病斑及时刮治，病斑应刮净、刮平，或者用刀顺病斑纵向划道，间隔5毫米左右。然后涂抹843康复剂原液，5%安素菌毒清100～200倍，10～30倍2%农抗120或腐必清原液等药剂，以防止复发。另外，随时剪除病枝并烧毁，减少病原菌数量。

3. 苹果早期落叶病

（1）危害症状：又称绿缘褐斑病，主要危害苹果树的叶片，有时果实亦能受害。叶片上的病斑褐色，后期病部中央变黄，但周围仍然保持绿色晕圈，病叶易早期脱落。有三种类型：

①同心轮纹型。病斑圆形，中心暗褐色，四周黄色，病斑周围有绿色晕圈，在病斑上出现黑色小点，呈同心轮纹状。

②针芒型。病斑小，似针芒放射状向外扩展，后期叶片渐黄，病部周围及背部仍保持绿色。

③混合型。病斑很大，近圆形或不规则形，其上散生小黑点，呈不太明显的轮纹状。病斑暗褐色，后期病斑中央为灰白色，但边缘有的仍呈绿色，背面为暗褐色。

（2）发病规律：真菌病害以菌丝、分生孢子盘或子囊盘在落地的病叶、枝、果上越冬，翌春产生分生孢子和子囊孢子，借风雨传播，从叶的正面或背面侵入，田间5~6月始发，7~8月进入盛发期，10月停止扩展。

（3）防治方法：

①强化果园卫生管理。冬季集中清除枯枝、落叶，烧毁或深埋，以减少越冬病原。

②加强肥水管理，合理修剪，避免郁蔽，低洼果园雨季注意及时排涝。

③适时喷药保护。一般在雨季来临之前，结合其他病害的防治喷布杀菌剂。药剂可选用1：2：200倍波尔多液，50%多菌灵600倍液或70%甲基托布津可湿性粉剂800倍液，50%异菌脲1 500倍液，80%代森锰锌可湿性粉剂800倍液，43%戊唑醇3 000~4 000倍液，交替使用。

4.苹果炭疽病

苹果炭疽病又叫苦腐病，主要危害苹果果实和枝条。

（1）危害特点：果实发病，初期在果面上出现针尖大小的淡褐色圆形小病斑，边缘清晰，病斑迅速扩大，果肉变褐腐烂，果面下陷，烂部呈圆锥状。当病斑扩大到直径1~2厘米时，病斑中央长出突起的小粒点（分生孢子盘），开始褐色，逐渐变为黑色，同心轮纹状排列，遇雨季或天气湿度大时，溢出粉红色黏液（分生孢子团）。该病发展初期扩展缓慢，至果实近成熟期扩展迅速，引起大量落果。

果台受侵染后,从顶部开始发病,呈暗褐色,逐渐向下蔓延,严重时果台不能抽出副梢而干枯死亡。枝条发病,多发生于老弱枝、病虫枝的基部,主要危害韧皮部,起初为深褐色不规则形病斑,逐渐扩大,后期病部溃烂龟裂,木质部外露,病斑表面也产生黑色小粒点。严重时病部以上枝条全部枯死。

该病易与果实上的轮纹病混淆,两者主要区别:炭疽病斑颜色较深而且均匀一致,轮纹病色浅而且有深浅交错形成的同心轮纹;炭疽病斑初期就有些凹陷,轮纹病果实初期不凹陷;炭疽病斑上的小黑点呈轮纹状排列,轮纹病病部初期无小黑点,后期产生小黑点多呈散乱排列;炭疽病病果有苦味,轮纹病病果有酒糟气味。

(2)发病规律:真菌病害。病原菌以菌丝在树上的病果、僵果、果台、干枯枝等部位越冬。翌春,以分生孢子通过风雨水或昆虫传播。苹果炭疽病侵染具有潜伏侵染特征,病害的潜育期一般为3~13天,但有时可长达40~50天以上。该病在整个生长期中可多次再侵染,在北方果区,每年5月底、6月初进入侵染初期,7~8月为发病盛期。晚秋气温降低时,发病减少。在果品贮藏期间,仍能陆续出现病斑。

炭疽病的发生与气候、果园肥水管理和果树品种的关系密切。炭疽病菌在高温、高湿、多雨情况下繁殖传播迅速;果园地势低洼、土壤黏重、雨后积水、通风不良有利于发病；果园株行距小、树冠大而密闭、偏施速效氮肥有利于病害的发生；以刺槐作防风林的苹果园，炭疽病发病较重。

（3）防治方法：

①加强栽培管理，增强树势，提高抗病力。果园增施有机肥，合理修剪，及时中耕除草，避免间种高秆作物，及时排水，苹果园周围不要栽植刺槐树作防风林。

②清洁果园，减少菌源。冬季清除树上和树下的病僵果，结合修剪去除枯枝、病虫枝，并刮除病树皮，以减少侵染来源。初期发现病果要及时摘除，防止扩大蔓延。

③喷药保护。发芽前喷洒40%氟硅唑乳剂2 000～3 000倍液或3～5波美度石硫合剂，铲除树上的越冬菌源。从幼果期开始直到9月份，结合防治其它病害，每隔15天左右喷一次药。常用药剂及浓度：可选用50%多菌灵可湿性粉剂600倍；70%甲基托布津可湿性粉剂800倍；80%代森锰锌可湿性粉剂800倍液；50%异菌脲可湿性粉剂1 000～1 500倍液；40%氟硅唑乳剂4 000～5 000倍液；43%戊唑醇3 000～4 000倍液。进入雨季后可与石灰倍量式200倍波尔多液交替使用。

5. 山楂叶螨

山楂叶螨又名山楂红蜘蛛，主要危害苹果、山楂、樱桃、桃等。

（1）危害特点：以成、若螨群集叶片背面刺吸为害，叶片表面出现黄色失绿斑点。严重时，山楂叶螨在叶片上吐丝结网，引起焦枯和脱落。冬形雌成螨鲜红色；夏型雌成螨初脱皮时为红色，后渐变深红色。

（2）发生规律：山楂叶螨在我国北方果区1年发生6~9代，以受精雌成螨在果树主干、主枝、侧枝的老翘皮下，裂缝中或主干周围的土壤缝隙内越冬。果树萌芽期，开始出蛰。山楂叶螨第一代发生较为整齐，以后各代重叠的发生。6~7月的高温干旱，最适宜山楂叶螨的发生，数量急剧上升，形成全年为害高峰期。进入8月份，雨量增多，湿度增大，其种群数量逐渐减少。一般于9~10月产生越冬雌成虫即进入越冬场所越冬。

（3）防治方法：

①农业防治。结合果树冬季修剪，认真细致地刮除枝干上的老翘皮，并耕翻树盘，可消灭越冬雌成螨。

②生物防治。保护利用天敌是控制叶螨的有效途径之一。保护利用的有效途径是减少广谱性高毒农药的使用，选用选择性强的农药，尽量减少喷药次数。有条件的果园还可以引进释放扑食螨等天敌。

③药剂防治。药剂防治关键时期在越冬雌成螨出蛰期和第一代卵和幼若螨期。药剂可选用：50%硫悬浮剂200~400倍液，20%螨死净悬浮剂2 000~2 500倍液，5%尼索朗乳油2 000倍液，15%哒螨灵乳油2 000~2 500

倍液，25%三唑锡可湿性粉剂1 500倍液。喷药要细致周到。

6. 金纹细蛾

（1）危害特点：金纹细蛾是苹果树上发生广、危害重的一种潜叶害虫。以幼虫从叶背潜入皮下取食叶肉，使下表皮与叶肉分离，从叶正面看，虫斑筛孔状。被害严重的，一张叶片有数个虫斑，造成提早落叶。

（2）发生规律：金纹细蛾一年发生4～5代，以蛹在被害叶中越冬。4月上中旬越冬代蛹羽化。4月下旬至5月上旬第一代幼虫钻入叶内危害，第二代幼虫危害盛期在6月上中旬。第一代成虫盛期在5月中下旬，第二代和第三代成虫盛期分别在7月上中旬、8月上中旬，第四代成虫盛期在9月上中旬，10月第五代幼虫蛹越冬。金纹细蛾群体发生危害，第一代和第二代幼虫发生数量少、危害轻，经第一代和第二代幼虫数量的积累，第三代和第四代幼虫大发生。所以，第一代和第二代幼虫期是全年防治的关键时期。

（3）防治方法：

①彻底清扫落叶，集中烧毁，消灭越冬蛹，减少虫源。刨除树冠下萌蘖，使苹果展叶前越冬代成虫找不到寄主产卵。

②5月下旬至6月上旬，第二代卵和初龄幼虫发生期，

树上喷25%灭幼脲1 500~2 000倍液或20%杀铃脲悬浮剂6 000~8 000倍液,1.8%阿维菌素乳油4 000~5 000倍液,2.5%功夫乳油2 500倍液。

7. 桃小食心虫

(1)危害特点:简称"桃小"。主要危害苹果、梨、桃、山楂等果树。桃小食心虫只危害果实,幼虫蛀果后2天左右,果面上流出透明的水珠状果胶,俗称"流眼泪",随之胶汁即变白干硬,幼虫蛀入果后,果肉被食成中空,虫粪满果,形成"豆沙馅",早期危害影响果实生长,果面凹凸不平,俗称"猴头果"。

(2)发生规律:桃小食心虫一年发生1~2代,以老熟幼虫结冬茧在土中越冬,越冬茧主要分布在根颈、冠下、包装场所,以树干基部为最多。越冬幼虫麦收前后,当土壤含水量达8%~10%,5厘米下地温在18~22℃,气温在19℃以上,1~2天内就可破茧出土。出土盛期一般在6月中下旬。一般从出土开始到结束需2个月,出土幼虫做茧化蛹,蛹8~9天,出土16~18天后成虫出现。6月末、7月初为第一代卵盛期,这一代成虫产卵对苹果的品种有选择,金冠着卵量最多、富士着卵量少;第二代卵期在8月上中旬至9月初,以后脱果的幼虫,入土做冬茧越冬。

(3)防治方法:

①地面防治。越冬代幼虫出土始期和盛期,及时地

面撒药，用3%~5%辛硫磷颗粒剂，每亩3千克左右，或于树冠下喷洒50%辛硫磷200倍液，或50%地亚农乳剂400~500倍液，隔15~20天再喷洒1次。

②清除虫源。销完果品后，应及时清理堆果场地，果品库房，于8月中下旬喷洒辛硫磷，以杀灭脱果入土越冬幼虫；在第一代幼虫危害期，及时摘除被害果及拣拾落地虫果，集中消灭。果实套袋可有效减轻桃小危害。

③根颈周围压土。在桃小食心虫出土前，在根颈周围压土或覆盖地膜，可阻隔桃小食心虫越冬幼虫出土。

④树上防治。当卵果率达1%时，进入树上药剂防治。常用药剂有20%灭扫利2 500倍液，2.5%溴氰菊酯3 000倍液，20%速灭杀丁乳油3 000倍液，48%乐斯本乳油1 000~1 500倍液，25%灭幼脲1 500~2 000倍液。

8. 梨小食心虫

（1）危害特点：又名梨小蛀果蛾。是苹果、梨、桃等果树上的重要害虫，特别是苹果、梨、桃混植果园危害最重。梨小食心虫的成虫产卵在桃梢叶片和桃、梨、苹果的果实上。幼虫蛀桃梢后，被害梢折断枯萎，蛀孔外有虫粪。蛀果幼虫先取食果肉后蛀入果心，食害梨、苹果种子，从蛀入孔排出虫粪，遇雨虫孔周围腐烂。

（2）发生规律：梨小食心虫在山东一年发生4~5代，以老龄幼虫在枝干翘皮下和根颈处、堆果场周围结灰白色薄茧越冬。梨小食心虫成虫傍晚活动，对糖醋液、黑光灯和合成的桃小性激素有很强的趋性。单植的苹果园危害轻，桃、梨、苹果混植园危害重。梨小食心虫有转移寄主的习性，一二代主要危害桃、李树嫩梢和幼果，从7月中旬至8月中旬，第四代五代幼虫危害苹果、梨的果实。

梨小食心虫寄生天敌主要有赤眼蜂、白茧蜂、纵条小蜂等。这些天敌发生普遍，寄生率较高，应注意保护和利用。

（3）防治方法：

①人工防治。刮除树干和主枝上的翘皮，消灭在树皮缝隙中越冬的幼虫，同时清扫果园中的枯枝落叶，集中烧掉或深埋于树下，消灭越冬幼虫。在果树生长前期，及时剪除被害梢，最好在新梢刚萎蔫时期剪梢。建园时尽量不使苹果、梨与桃树混植，避免寄主间转移危害。

②诱杀成虫。利用成虫对糖醋液、梨小食心虫性外激素有强烈趋性的习性，进行测报和诱杀。一般每亩地挂性外激素诱捕器5~6个，在成虫发生期可诱集到大量的雄成虫。

③药剂防治。药剂防治的关键时期是各代的卵高峰期和幼虫孵化期。最好用糖醋液或性外激素诱捕器预测成虫发生期指导药剂防治。当诱捕器上出现成虫高峰期后2~4天即为卵高峰期和幼虫孵化始期，此时喷药效果最好。常用药剂有50%杀螟磷乳剂1 000倍液，2.5%溴

氰菊酯乳剂或20%氰戊菊酯乳剂3 000倍液，48%毒死蜱乳油1 500倍液，25%灭幼脲3号胶悬剂1 500倍液。

9.苹果绵蚜

（1）危害特点：苹果绵蚜为国内外检疫对象。苹果绵蚜群集在剪锯口、病虫伤疤，主干枝裂缝、枝条叶腋及裸露地表根际等处寄生危害。被害部位多形成肿瘤，覆盖一层白色绵状物。受害的树体弱、结果少，受害重的严重影响苹果的产量和质量。

（2）发生规律：苹果绵蚜每年发生13～18代，主要以若蚜在根蘖基部、枝干裂缝、病虫伤疤边缘、剪锯口周围越冬。4月中旬出蛰，5月上中旬开始蔓延。此时群落小，易于着药，是树上防治的第一个关键时期。5月中旬至7月初绵蚜繁殖力极强，蔓延快，达全年危害高峰。8月气温高，不利于蚜虫的繁殖，加上天敌数量增加，绵蚜种群数量下降。9月中旬至10月，气温下降，适于苹果绵蚜繁殖，出现一年中第二次发生危害高峰，是全年树上喷药防治的第二个关键时期，但不如7月份发生量大。11月下旬若蚜陆续越冬。苹果绵蚜的天敌主要有苹果绵蚜小蜂（又称日光蜂），其次有异色瓢虫、七星瓢虫等。绵蚜小蜂是苹果绵蚜主要天敌，寄生三四龄若蚜和成蚜。全年寄生高峰在7月末至8月初，出现在绵蚜群体发生危害高峰后。

（3）防治方法：

①加强检疫。严禁从疫区调运苗木和接穗，防止苹果绵蚜传入非疫区。

②清除越冬绵蚜。苹果落叶后、发芽前，彻底刨除根蘖，刮除剪锯口、病虫伤疤、粗老翘皮处越冬绵蚜。

③保护自然天敌。苹果绵蚜小蜂是苹果绵蚜主要天敌。7～8月份绵蚜小蜂寄生高峰尽量少喷药。

④药剂防治。重点5月上中旬、9～10月份苹果绵蚜两次发生高峰期。药剂可选用：40%蚜灭多乳油1 000～1 500倍液，48%乐斯本乳油1 000～1 500倍液等。

10. 卷叶虫类

（1）危害特点：第1代初孵幼虫主要危害苹果树幼芽和嫩叶，花芽受害最重，随虫龄的增加和寄主的展叶，转害新叶。一般1～2龄仅食叶肉，残留表皮似箩底状，多不卷叶。3龄以后开始卷叶为害，先吐丝连接数叶，在卷叶内取食叶片，或者将叶片沿中脉向正面纵折，藏于其中为害和化蛹，常蚕食叶片成孔洞，并啃食贴叶果的果皮，呈不规则形凹疤，多雨时常腐烂脱落。

（2）发生规律：年发生2～3代。以2～3龄幼虫在顶梢卷叶团内结虫苞越冬。萌芽时幼虫出蛰卷嫩叶为害，常食顶芽生长点。6月上旬幼虫老熟，在卷叶内作茧化蛹，6月中下旬成虫羽化盛期。成虫白天潜藏叶背，略有趋光性。

卵多散产于有绒毛的叶片背面。幼虫孵出后吐丝缀叶作苞,藏身其中,探身苞外取食嫩叶。7月是第1代幼虫危害盛期,第2代幼虫于10月以后进入越冬期。

(3)防治方法:采用性诱剂、糖醋液,挂于园中诱杀成虫并进行测报。

①冬季刮皮、翘皮,集中烧毁,消灭部分越冬幼虫,减少越冬基数。

②花序分离前是防治卷叶虫的第一个时期。4月中旬为幼虫出蛰盛期,此时越冬幼虫出蛰虫态整齐,是全年药剂防治的第一个时期,此时均匀喷洒48%毒死蜱1 500~2 000倍液进行防治。有的果农因花期放蜂而耽误喷药,导致后期防治难度大,危害加重。喷药与放蜂可隔开适当的时期。

③花后第一遍药是防治卷叶虫的第二个关键时期。5月上中旬幼虫出蛰后危害幼芽、嫩叶和花蕾,尤以啃食果实表面严重,此时是防治卷叶虫的第二个关键时期,可喷洒48%毒死蜱1 500~2 000倍液进行防治。

④夏至前后是防治卷叶虫的第三个关键时期。6月中旬,越冬代成虫产卵孵化盛末期,为第三个关键时期,当卵孵化率达70%左右时,及时喷洒48%毒死蜱2 000倍液进行防治。在每次喷药时,可结合防治其他病虫进行综合防治。

⑤生物防治。人工释放赤眼蜂。越冬代虫出现后，第四天开始放赤眼蜂，每隔7天放一次，共放4～5次，每亩释放10万头左右，卷叶蛾卵块寄生率高达85%左右，基本可控制危害。